U1005859

注压成型模具设计

常芳娥　坚增运　韩志礼　编著

西北工業大學出版社

【内容简介】 本书主要论述了高分子材料和金属材料注压成型的工艺性、注射模的分类、注射机牌号的确定、分型面的确定、注射模具各组成部分的设计、金属材料压铸模浇注系统的设计，并对特种注射成型的模具设计做了简单介绍，最后收集了20套典型模具结构(高分子材料的注射成型与金属材料的压力铸造成型模具结构各10套)，对每套结构的设计思想做了详细分析。

本书可供热加工成型工艺人员和模具设计技术人员参考，也可作为大专院校高分子材料、金属材料专业热加工模具设计课的教学参考书。

图书在版编目（CIP）数据

注压成型模具设计/常芳娥，坚增运，韩志礼编著．—西安：西北工业大学出版社，2006.10(2025.1重印)

ISBN 7-5612-2146-0

Ⅰ.注… Ⅱ.①常… ②坚… ③韩 Ⅲ.压制成型—模具—设计 Ⅳ.TG376

中国版本图书馆CIP数据核字(2006)第119597号

出版发行：西北工业大学出版社
通信地址：西安市友谊西路127号　　邮编：710072
电　　话：(029)88493844　88491757
网　　址：www.nwpup.com
印 刷 者：陕西瑞升印务有限公司
开　　本：787 mm×1 092 mm　1/16
印　　张：11.75
字　　数：281千字
版　　次：2006年10月第1版　　2025年1月第3次印刷
定　　价：38.00元

前　言

金属材料的热加工成型已有几千年的历史，高分子材料的热加工成型也有近两百年的历史。高分子材料热加工成型的工艺及设备与金属材料热加工成型的工艺及设备具有许多类似性。例如，高分子材料的注射成型和金属材料的压力铸造成型都是将其熔体在高压下和在高速下注入模具型腔并塑化或凝固后成型的，从成型工艺、成型模具到成型设备基本上是相同的。目前，关于热加工模具设计，特别是高分子材料注射成型模具设计的论著很多，但这些论著都是将高分子材料注射成型与金属材料压力铸造成型的模具设计分开讨论的，国内目前还没有将两者综合在一起的论著。作者将高分子材料注射成型与金属材料压力铸造成型的模具设计综合在一起编著成书，其特点是可使读者比较容易地搞清两者的区别与联系。由于高分子材料的注射成型与金属材料的压力铸造成型都是将其熔体在高压、高速下注入或压入模具型腔成型的，故本书定名为《注压成型模具设计》。

本书共分 5 章。第 1 章着重讨论了熔体注压成型模具设计对制作结构工艺性的要求。要设计出一套结构合理且成本低廉的成型模具，除了具有丰富的模具设计知识和经验外，还必须熟悉制件的成型工艺性能，这样，设计出的模具才能成型出完整、合格、高质量的产品。

第 2 章为高分子熔体注压成型注射模具设计，本章也是全书重点讨论的内容。对高分子材料注射成型模具的分类、注射机型号的确定、分型面位置的确定以及注射模具各组成部分的设计(浇注系统、成型零件、导向机构、顶出机构、侧抽芯机构、温度调节系统)进行了详细的讨论。

第 3 章为高分子材料熔体特种注射成型模具设计。简单介绍了热固性塑料注射成型模具设计、精密注射成型模具设计、高性能工程塑料的注射成型模具设计。

第 4 章为金属熔体注压成型的压铸模具设计。由于金属材料压铸模与高分子材料注射模的结构、组成及各组成部分的设计基本相同，主要是浇注系统有所不同，因此本章只对浇注系统的设计进行了详细讨论。

在讨论了高分子材料的注射成型与金属材料的压力铸造成型模具设计之后，第 5 章收集了 20 套典型模具结构(高分子材料的注射成型与金属材料的压力铸造成型模具结构各 10 套)，并对每套结构的设计思想做了详细分析。

作者长期从事热加工成型工艺及模具设计的技术工作和教学工作，将多年在生产第一线从事热加工成型工艺及模具设计的实践经验编著成书是作者多年的愿望。为此，作者结合 20 多年来从事热加工成型工艺及模具设计的实践经验，并参阅了大量文献资料整理编著成本书。本书可供热加工成型工艺及模具设计技术人员参考，也可作为大专院校高分子材料和金属材料专业热加工模具设计课的教学参考书。

本书得到了西安工业大学专著专项资金的资助，在编写和出版过程中得到了西安工业大学李高红老师，研究生唐光印、许军锋的大力帮助，在此表示衷心地感谢。

由于作者水平有限，书中难免存在缺点和错误，热忱希望广大读者批评指正。

编著者

2006 年 7 月

目 录

第 1 章　注压成型模具设计基础

流体压力成型包括金属材料压力成型和高分子材料压力成型，它们都是热状态下将不同材料的熔体在高压、高速下注入型腔成型，因此，对制件的成型工艺性的要求基本上都是相同的，模具设计员要设计出一套结构合理且成本低廉的模具，除了具备丰富的模具设计知识和经验外，还必须熟悉制件的成型工艺性能，这样，设计出的模具才能成型出完整、合格、高质量的产品。

1.1　流体压力成型模具设计对制件结构工艺性的要求

一、制件壁厚

合理的制件壁厚才能既满足其使用要求（一定的刚度和强度）和成型工艺要求（良好的流动性），又不会产生成型缺陷。流体压力成型制件的壁厚一般取 1.5 ～ 3 mm，最厚不能超过 6 mm，过厚会使制件产生缩松、缩陷等缺陷，过薄会产生浇不足、冷隔等缺陷。

制件壁厚最好均匀一致，如果结构要求必须壁厚不同时，其过渡要平缓或厚大部分设计成空心的，如图 1-1 所示。

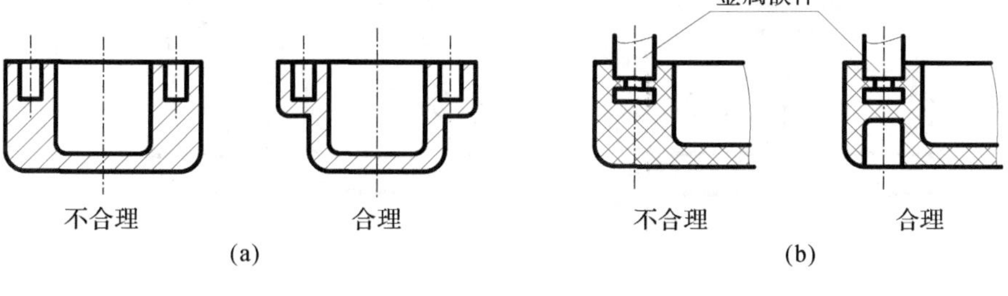

图 1-1　制件壁厚的确定

制件的壁厚应满足在使用时的刚度、强度和成型工艺的前题下越薄越好，同一成型方法不同材料所要求的最小壁厚不同，同一材料不同成型方法所要求的最小壁厚也不同，表1-1为不同材料的流体压力成型制件所能达到的最小壁厚。

表 1－1　不同材料压力成型制件最小壁厚

制件的表面积 cm^2	制件最小壁厚																	
	金属材料					高分子材料												
	铅锡合金	锌合金	镁合金	铝合金	铜合金	聚乙烯	聚苯乙烯	改性聚苯乙烯	有机玻璃	软聚氯乙烯	硬聚氯乙烯	聚甲醛	聚丙烯	氯化聚醚	聚碳酸酯	聚苯醚	聚酰胺	聚砜
～25	0.6	0.8	1.3	1.0	1.5	0.5	0.75	0.75	0.8	0.85	1.2	0.8	0.85	0.85	0.95	1.2	0.5	0.95
25～100	0.7	1.0	1.8	1.5	2.0	1.0	1.0	1.0	1.2	1.2	1.5	1.0	1.2	1.2	1.3	1.8	1.0	1.3
100～225	1.1	1.5	2.5	2.0	3.0	1.8	1.8	1.8	2.0	2.0	2.2	1.8	2.0	2.0	2.2	2.5	1.5	2.2
225～400	1.5	2.0	3.0	2.5	3.5	2.2	2.5	2.5	2.5	2.5	2.8	2.5	2.5	2.5	2.8	3.2	2.0	2.8
400～600	1.8	2.5	3.5	3.2	4.0	2.8	3.0	3.0	3.0	3.0	3.5	3.0	3.0	3.0	3.4	4.0	2.5	3.4
600～1 000	2.5	3.0	4.2	4.0	4.5	3.5	4.5	4.5	5.0	3.2	4.0	4.5	3.2	3.2	4.0	4.6	2.8	4.0
1 000～							5.4	5.4	6.5	3.5	6.4	5.8	3.5	3.5	4.5	5.8	3.4	4.5

二、加强筋

前面论述过，流体压力成型制件的壁厚不能太厚，太厚容易形成缩松、缩陷等缺陷，但太薄对于有刚度或强度要求的截面又不能满足其使用要求，解决这一问题的行之有效的办法是在制件的适当部位设计加强筋。加强筋在不改变制件壁厚的条件下不仅能提高制件的刚度或强度，而且还可改善制件的成型工艺性。同一壁厚金属材料在一般情况下由于其刚度或强度比高分子材料高，因此金属材料制件的结构中较少设计加强筋，如果有也与高分子材料基本相同。下面着重论述高分子材料制件加强筋的设计。加强筋尺寸设计如图 1－2 所示。

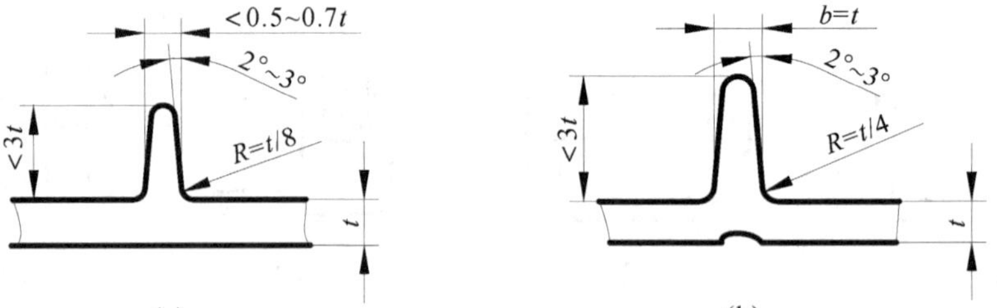

(a)　　(b)

图 1－2　加强筋尺寸的确定

加强筋尺寸的大小一般按图 1－2(a) 所示尺寸比例来设计，必要时也按图1－2(b) 所示尺寸比例来设计，但按图 1－2(b) 设计时容易在加强筋底部的表面产生“沉陷点”。

当受力面积较大时，应设计多个加强筋才能满足其要求，如图1－3 所示。加强筋的数量多一些更好，但加强筋之间的中心距离不应小于 $2b$，加强筋的加入不能影响制件的使用，加强筋的的端面不应与支撑面相平或高出支撑面，应低于支撑面 0.5 mm 以上。

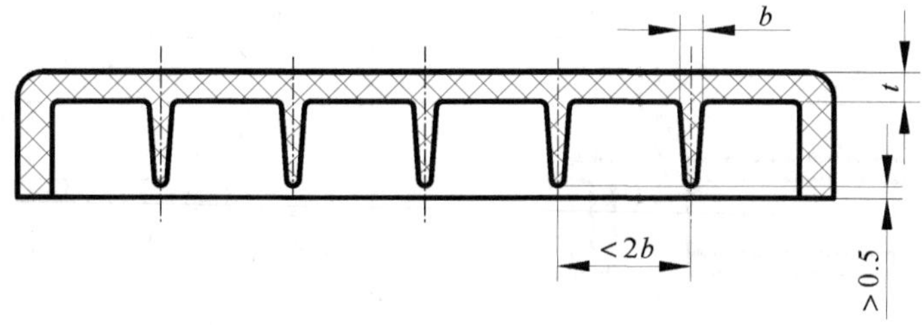

图 1－3　多个加强筋尺寸的确定

加强筋的设计非常灵活，并不一定按上述标准来设计，表 1－2 是实际生产中加强筋设计的图例。

表 1－2　加强筋设计图例

图　　例	说　　明
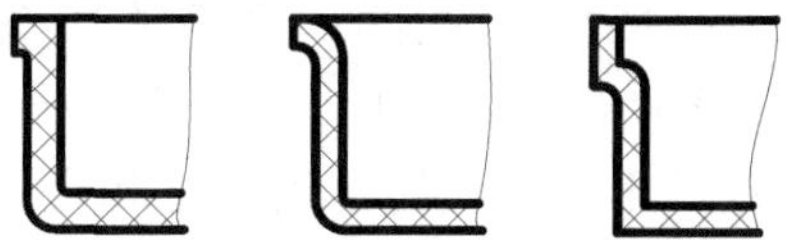	边缘加强：像塑料口杯、盆、桶等因承受较大的重量，因此口边设计成此形状来提高强度
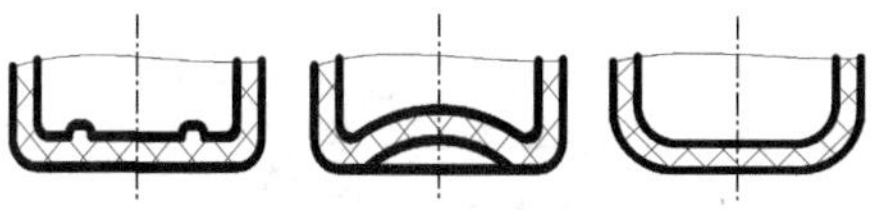	底面加强：像塑料口杯、盆、桶等的底部设计成此形状来提高其强度以防止承受重量较大时而变形
	平面加强：像较大的平板类制件或大型的盖类制件，当无法设计加强筋时可设计成此形状来提高其强度
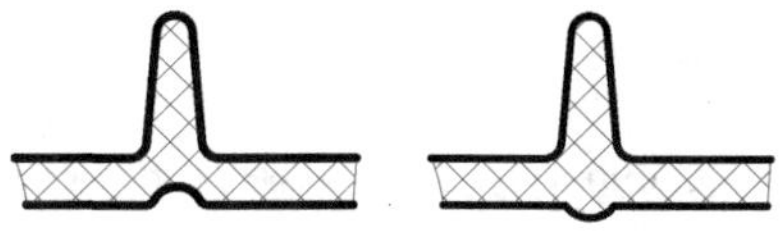	防塌设计：当加强筋根部的厚度等于或大于制件的壁厚时，设计成此形状避免塌陷缺陷产生
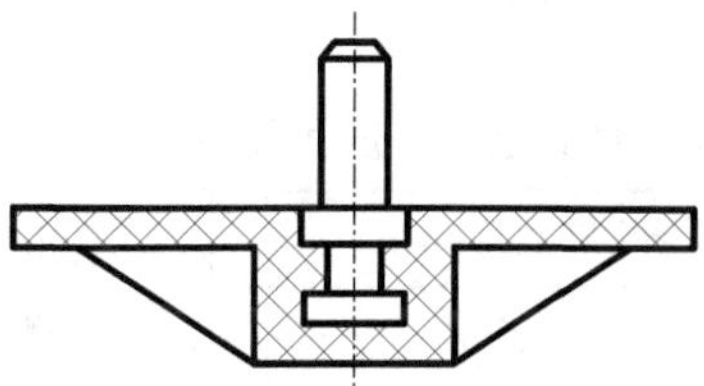	防变形或改善成型工艺：此加强筋可提高薄壁且面积较大的制件的刚度和强度，防止变形，还可作为辅助的横浇道，改善其成型工艺性能
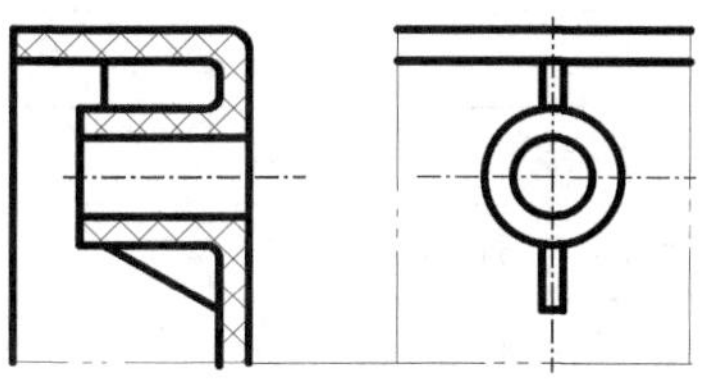	防变形或改善成型工艺：此加强筋可提高薄壁且面积较大的制件的刚度和强度，防止变形，还可作为辅助的横浇道，改善其成型工艺性能

续 表

图 例	说 明
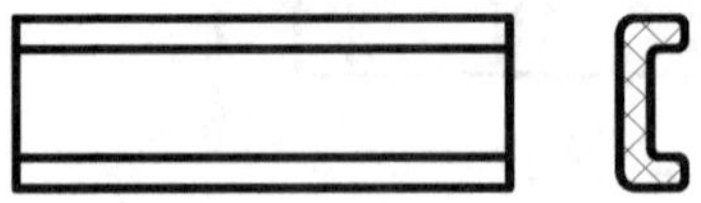	带状加强：像杆、手把等类型的制件，其断面设计成此形状可提高其强度

三、孔或螺纹孔

同一材料不同成型方法所能成型孔径的大小和孔的深度不同，同一成型方法不同材料成型孔径的大小和孔的深度也不同，不管成型孔或成型螺纹孔是通孔还是盲孔，流体压力成型制件成型孔的工艺金属材料和高分子材料略有不同，下面分别论述。

流体压力成型金属材料制件的孔时，都要对图纸上的尺寸留有一定的加工余量，然后再通过机械加工到图纸要求的尺寸。金属材料制件很少直接成型螺纹孔，一般情况下，螺纹孔先成型成光孔并留有余量，再通过机械加工来完成，如图 1-4 所示。图 1-4(a) 为高分子材料图，图 1-4(b) 为金属材料图。当螺纹孔要求不高时可直接用模具成型。表1-3 和表1-4 为金属材料成型孔和螺纹孔的最小尺寸。

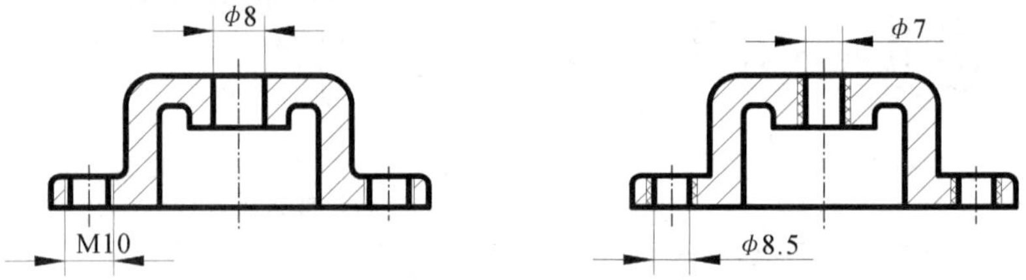

(a) (b)

图 1-4 孔或螺纹孔尺寸的确定

(a) 高分子材料； (b) 金属材料

加工流体压力成型高分子材料制件的孔时，不管是成型孔还是成型螺纹孔，都是直接靠模塑来完成，很少通过后续的机械加工。表 1-5 和表 1-6 为高分子材料成型孔和螺纹孔的最小尺寸。

表 1-3 流体压力成型金属材料制件成型孔最小尺寸

合金种类	孔的最小直径 / mm	最大孔深(为该孔直径的倍数)/mm		最小孔边厚度(孔径的倍数)/mm
		盲孔	通孔	
铅锡合金	1	4	8	2
锌合金	1	4	8	2
镁合金	2	$<\phi5=3$，$>\phi5=4$	$<\phi5=6$，$>\phi5=8$	1.5
铝合金	2.5	$<\phi5=3$，$>\phi5=4$	$<\phi5=5$，$>\phi5=7$	1.5
铜合金	3	$<\phi5=2$，$>\phi5=3$	$<\phi5=4$，$>\phi5=6$	1.5

表 1-4　流体压力成型金属材料制件成型螺纹孔最小尺寸

合金种类	最小螺距 /mm	最小螺纹直径 /mm	
		内螺纹	外螺纹
锌合金	0.75	10	6
镁合金	1.00	15	6
铝合金	1.00	20	10
铜合金	1.5		12

表 1-5　流体压力成型高分子材料制件孔最小尺寸

塑料种类	孔的最小直径 d/mm	最大孔深(孔径的倍数)/mm		最小孔边厚度(孔径的倍数)/mm
		盲孔	通孔	
聚乙烯	0.2	4	10	2
软聚氯乙烯	0.2	4	10	2.5
硬聚氯乙烯	0.25	3	8	2
改性聚苯乙烯	0.3	3	8	2
有机玻璃	0.25	3	8	2.5
氯化聚醚	0.3	3	8	2
聚苯醚	0.3	3	8	2
聚甲醛	0.3	3	8	2
聚酰胺	0.2	4	10	2
聚碳酸酯	0.35	2	6	2.5
聚砜	0.35	2	6	2

表 1-6　流体压力成型高分子材料制件螺纹孔最小尺寸

塑料种类	螺纹的最小直径 d/mm		螺纹孔最大深度/mm	外螺纹最大长度 /mm	
	内螺纹	外螺纹		$d<5$	$d>5$
聚酰胺	2	3	$3d$	$1.5d$	$2d$
有机玻璃	2	3	$3d$	$1.5d$	$3d$
聚碳酸酯	2	2	$3d$	$2d$	$4d$
氯化聚醚	2.5	2	$3d$	$2d$	$3d$
改性聚苯乙烯	2.5	2	$3d$	$2d$	$3d$
聚甲醛	2.5	2	$3d$	$2d$	$3d$
聚砜	3	3	$3d$	$2d$	$3d$

四、圆角

流体压力成型制件的内外转角处都应以圆角过渡，这样不但使制件壁厚趋于一致，避免产生应力集中，还可以改善流体在型腔内的流动性，提高模具寿命，改善制件组织，提高性能。圆角的连接形式及大小设计如表 1－7 所示。

表 1－7　圆角的连接形式及大小设计

连接形式	壁厚条件	图　　例	参数计算
直角连接	壁厚相等 $t_1 = t_2$	内外有圆角 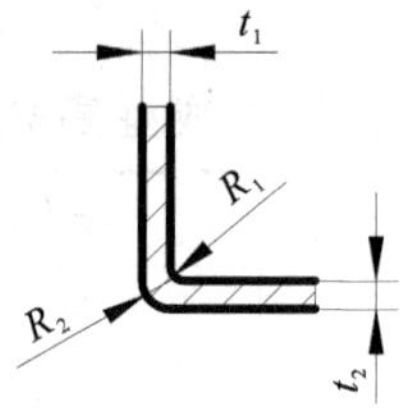	$R_1 = t_1 = t_2$ $R_2 \approx R_1 + (t_1$ 或 $t_2)$
		不允许有外圆角 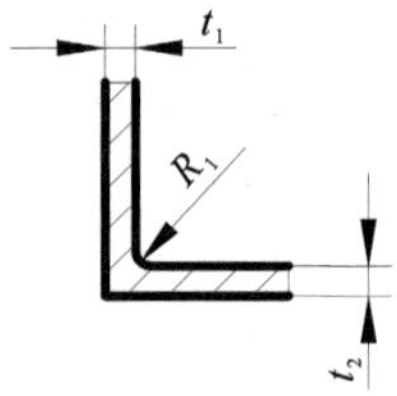	$R_1 \approx (1.0 \sim 1.25)t_1$
	壁厚不等 $t_1 < t_2$	内外有圆角 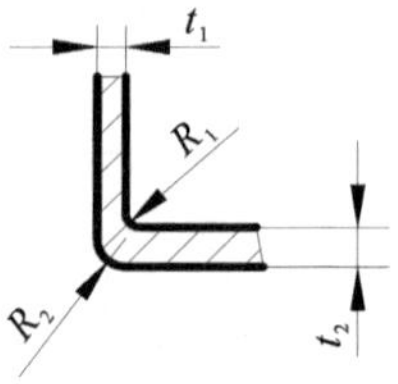	$R_1 \approx \frac{2}{3}(t_1 + t_2)$ $R_2 < R_1 + t_2$
		不允许有外圆角 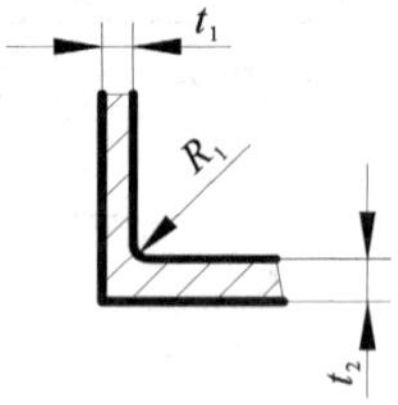	$R_1 \approx \frac{2}{3}(t_1 + t_2)$
T形壁连接	壁厚相等 $t_1 = t_2 = t_3$	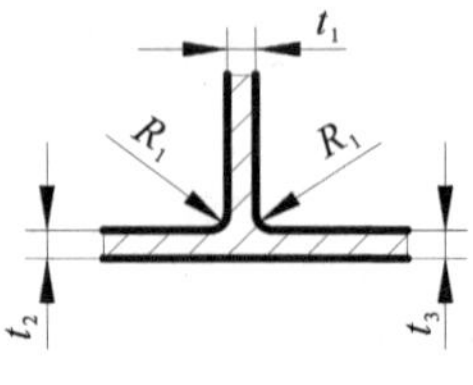	$R_1 \approx (1.0 \sim 1.25)t_1$

续 表

连接形式	壁厚条件	图　　例	参数计算
T形壁连接	壁厚不等 $t_3 > t_1(t_2)$ $t_1 \approx t_2$	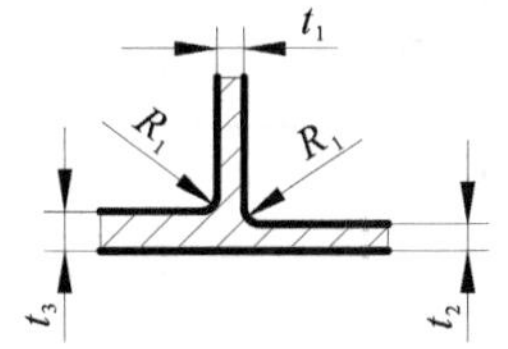	$R_1 \approx (1.0 \sim 1.25)t_1$
	壁厚不等 $t_3 > t_2 > t_1$	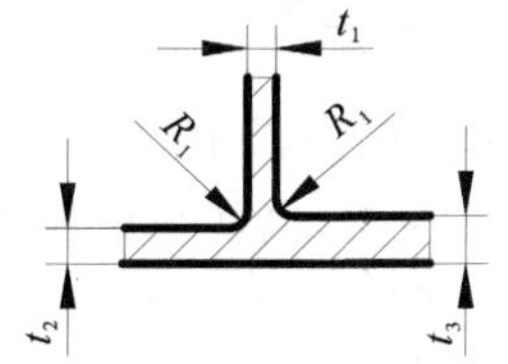	$R_1 \approx (1.0 \sim 1.25)t_1$
交叉连接	壁厚均匀	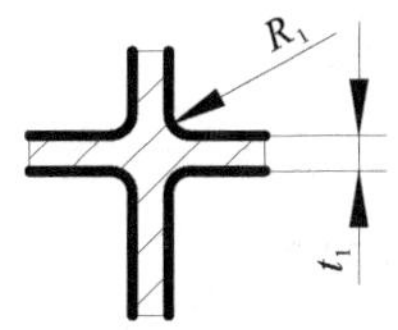	$R_1 = t_1$
	壁厚均匀	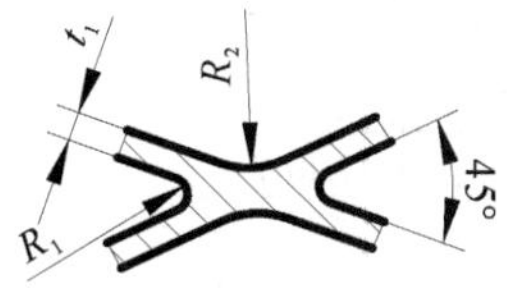	$R_1 \approx 0.7t_1$ $R_2 \approx 1.5t_1$
	壁厚均匀	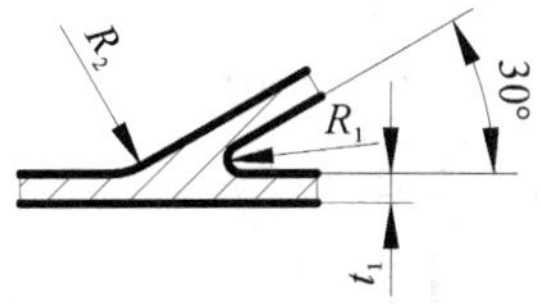	$R_1 \approx 0.7t_1$ $R_2 \approx 2.5t_1$

五、镶嵌件

镶嵌件就是直接将金属件或非金属件预先固定在模具上，成型过程中与制件熔为一体镶嵌其中从而满足制件的某些特殊要求，如提高制件的刚度和强度、抗蚀性、导电性、增加制件的尺寸稳定性、提高制件的配合精度等。

镶嵌件因为是在成型过程中与制件成为一体，所以设计镶嵌件应注意以下几方面：

(1) 镶嵌件周围制件要有一定的壁厚，以防止冷却过程中破裂，镶嵌件周围制件的壁厚见表 1－8。

(2) 镶嵌件尽量选择与制件材料的线膨胀系数相近的材料。

(3) 在镶嵌件的形状设计上，镶入部分不允许有尖角，以防止因收缩引起应力集中导致制件出现裂纹。为了增加接触面积，防止镶嵌件从制件中拔出或转动，在其表面可设计一些沟槽或花纹，如图 1－5 所示。

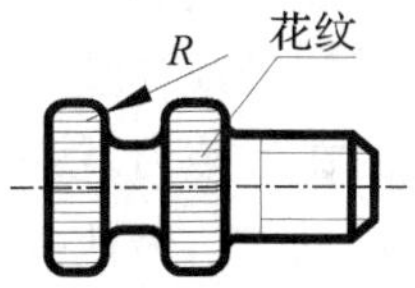

图 1－5　镶嵌件的表面设计

表 1－8　镶嵌件周围制件壁厚的最小值

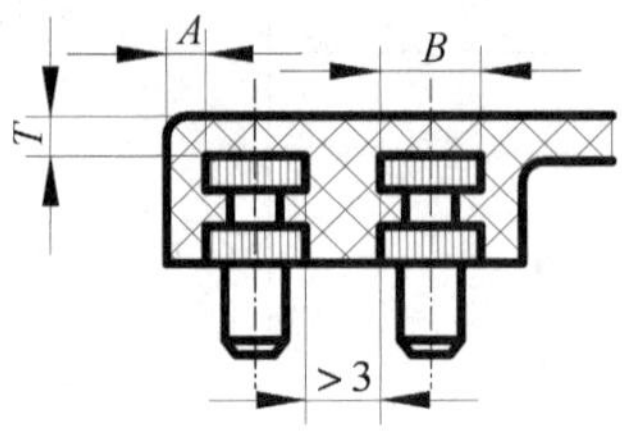

B	＜4	4～8	8～12	12～16	16～25
T	1	1.5	2.0	2.5	3.0
A	1.5	2.0	3.0	4.0	5.0

(4) 镶嵌件要牢固精确地固定在模具上，以防止在成型过程中由于高压冲刷而使镶嵌件移位、变形，但又要保证制件易于脱模，也就是说镶嵌件与模具应有准确的定位或具有一定的精度配合，如图 1－6 所示。图 1－6(a)，(b) 能保证镶嵌件精确地固定在模具上且又易于脱模，图 1－6(c) 的支柱是为了防止在成型过程中由于高压而使镶嵌件变形，图 1－6(d) 的支柱是为了防止在成型过程中镶嵌件发生位移。

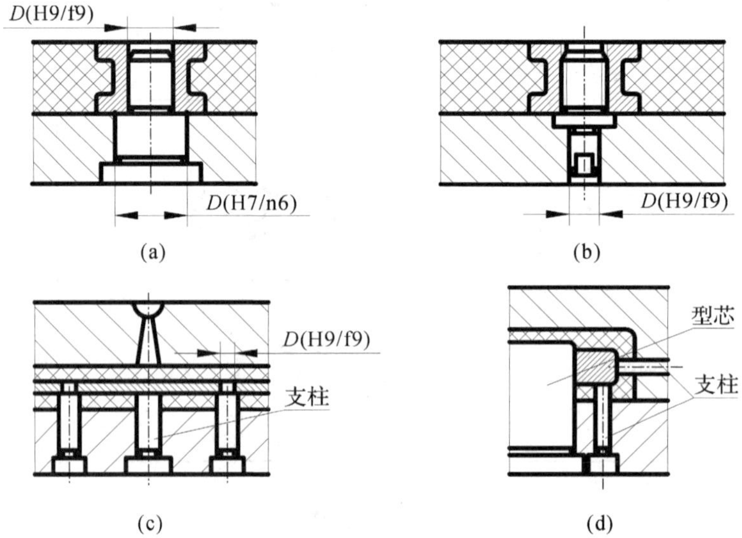

图 1－6　镶嵌件在模具上的固定

六、制件上的标记、符号及花纹

制件的表面上经常会有一些标记、符号或花纹，像单位名称缩写、产品型号、装饰花纹等。标记、符号或花纹的设计一是要考虑模具易于加工，二是要考虑其是否能清晰地成型。

标记、符号或花纹设计时不是凸的就是凹的，如图 1－7(a) 和(b) 所示，凸的在型腔内就是凹的，凹的在型腔内就是凸的，而目前模具加工多采用冷挤压或电火花等加工技术，显然凹的比凸的易于加工，因此一般标记、符号或花纹都设计成凸的。为了便于模具加工，可以将标记、符号部分做成镶嵌件拼在模具上，如图 1－7(c) 所示。

为了能清晰地成型出制件上的标记、符号或花纹，其凸出的高度一般不小于 0.2 mm，宽度不小于 0.3 mm，一般取 0.8 mm 较适宜，线条间距离不小于 0.4 mm，当设计成图 1－7(c) 的形式时，标记不能高出制件的表面。

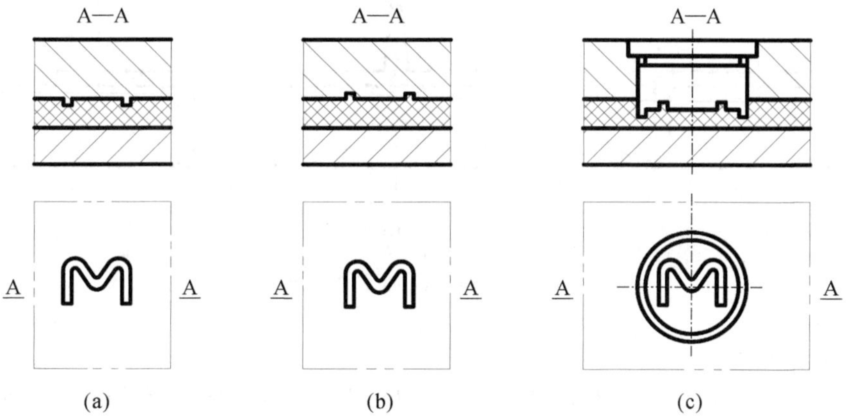

图 1－7　标记、符号、花纹的设计

1.2　制件的收缩性

一般情况下，不管是金属材料还是高分子材料，在由熔体变成固体的过程中都会发生不同程度的体积收缩，我们把这种现象称为材料的收缩性。收缩性是材料本身具有的性能，材料不同其收缩性能不同，熔体在高压、高速下注入型腔冷却凝固后形成制件的过程中所发生的不同程度的体积收缩称为制件的收缩性。制件的收缩性除了与材料的种类有关外，还与制件结构、模具结构、成型工艺等因素有关。为了使成型后制件尺寸满足图纸尺寸精度要求，模具设计时必须考虑制件的收缩性，并对其收缩量进行一定补偿。下面分别介绍影响制件收缩性的因素、收缩量的计算以及如何给出合理收缩量的经验和技巧。

一、影响制件收缩性的因素

1. 制件结构的影响

(1) 制件的壁厚：壁厚大其收缩量大，壁厚小其收缩量小，制件的壁厚差过大，会因收缩不均而使制件翘曲、变形或产生裂纹，所以制件的壁厚尽可能要均匀一致。

(2) 受阻收缩和自由收缩：受阻收缩量小，自由收缩量大。例如包住型芯的径向尺寸收缩量小，轴向尺寸收缩量大。

(3) 制件的复杂程度：制件复杂，型芯多，收缩量小，反之则收缩量大。

2. 模具结构的影响

模具结构对制件收缩性的影响主要体现在浇注系统的形式、开设位置和大小上。同一个制件，浇注系统的形式、开设位置和大小不同，其收缩量不同。

例如图 1－8(a) 所示为侧浇口，熔体从侧面进入型腔后，由于型腔内各部分的温度差别大，故其各部分的收缩量会明显不同；图 1－8(b) 为直接浇口(直进式浇口)，制件的每个横向截面和纵向截面温度分布基本一致，故每个横向截面和纵向截面的收缩性基本一致；图 1－8(c) 为点浇口，制件的温度分布与直接浇口相同，但由于点浇口比直接浇口的成型比压大，制件致密，故其收缩量比直接浇口大。

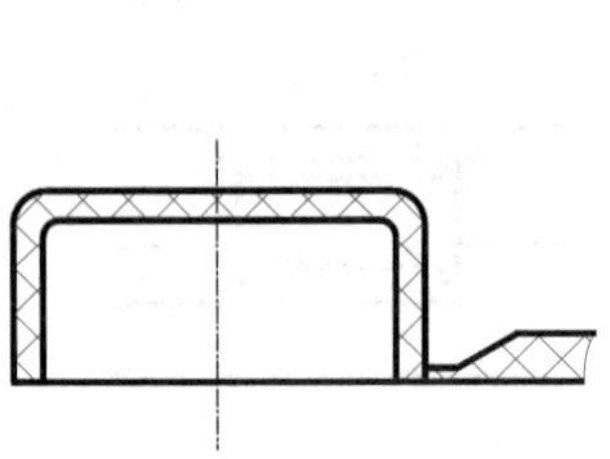

图 1-8　浇注系统对收缩性的影响

3. 成型工艺的影响

成型比压的大小、浇注温度和模具温度的高低、持压时间和成型周期的长短都会影响制件的收缩性，成型比压大、浇注温度高、模具温度低、持压时间和成型周期长，制件的收缩量大。

二、制件收缩量的计算

收缩率是表示制件收缩性大小的指标，收缩率的表达式为

$$\eta=\frac{A-B}{A}\times 100\% \tag{1-1}$$

因此

$$A=\frac{B}{1-\eta} \tag{1-2}$$

式中　η —— 制件的收缩率；

A —— 室温下型腔尺寸；

B —— 室温下制件尺寸。

又因为有

$$\frac{1}{1-\eta}=1+\eta$$

所以

$$A=B(1+\eta) \tag{1-3}$$

因为影响收缩率的因素很多，模具设计时并不是每个型腔尺寸都严格按公式(1-3)计算，可根据制件结构、模具结构、成型工艺作适当调整。例如当制件中有镶嵌件时，收缩率要适当调小。型芯的收缩率适当取小而型腔的收缩率适当取大以便试模后容易修模。表 1-9 和表 1-10 是一些常用的材料在流体压力成型条件下的收缩率。

表 1-9　金属材料在流体压力成型条件下的收缩率

合金种类		铅合金、锡合金	锌合金	镁合金	铝合金	铜合金
收缩率(%)	自由收缩	0.4～0.5	0.5～0.65	0.6～0.85	0.5～0.75	0.7～1.0
	受阻收缩	0.3～0.4	0.4～0.6	0.5～0.75	0.45～0.65	0.6～0.85

表 1－10　高分子材料在流体压力成型条件下的收缩率

材料名称	聚乙烯（低压）	聚氯乙烯（硬质）	聚丙烯	聚碳酸酯	苯乙烯-丁二烯-丙烯腈共聚物	聚醋酸纤维素
缩写	PE	PVC	PP	PC	ABS	CA
收缩率/(%)	1.5～3.6	0.6～1.5	1.0～2.5	0.5～0.8	0.3～0.8	1.0～1.5
材料名称	聚甲醛	聚苯乙烯	氯化聚醚	聚砜	聚芳砜	聚苯醚
缩写	POM	PS	CPT	PSF	PAS	PPO
收缩率/(%)	1.2～3.0	0.6～0.8	0.4～0.8	0.5～0.7	0.8	0.7～1.0
材料名称	聚三氟氯乙烯	聚全氟乙丙烯	聚-4 甲基戊烯(1)	聚酰亚胺	改性有机玻璃	尼龙 11
缩写	PCTFE(F－3)	FEP(F－46)		PI	PMMA	N11
收缩率/(%)	1.0～2.5	2.0～5.0	1.5～3.0	0.5～1.0	0.5～0.7	1.2～1.5
材料名称	尼龙 1010	尼龙 6	尼龙 66	尼龙 610	尼龙 9	
缩写	N1010	N6	N66	N610	N9	
收缩率/(%)	0.5～4.0	0.8～2.5	1.5～2.2	1.2～2.0	1.5～2.5	

1.3　拔模斜度

由前面的知识可知，材料冷却后由流体变成固体会产生收缩，收缩后的制件会紧紧地包住模具的凸出部分产生较大的摩擦力，另外制件和型腔壁之间也存在摩擦力，由于摩擦力的存在而使制件脱模困难，为了使制件顺利地从型腔中取出而不被划伤或擦毛，制件的内外表面需在开模方向设拔模斜度，如图 1－9 所示。

拔模斜度可以用不同的方法做出，如图 1－10 所示。

图中 b 为制件的原始壁厚，图 1－10(a) 为增大制件壁厚的形式，适用于薄壁，受力制件；图 1－10(b) 为部分增大制件壁厚、部分减小制件壁厚的形式，适用于中等壁厚的制件；图 1－10(c) 为减小制件壁厚的形式，适用于厚壁制件。

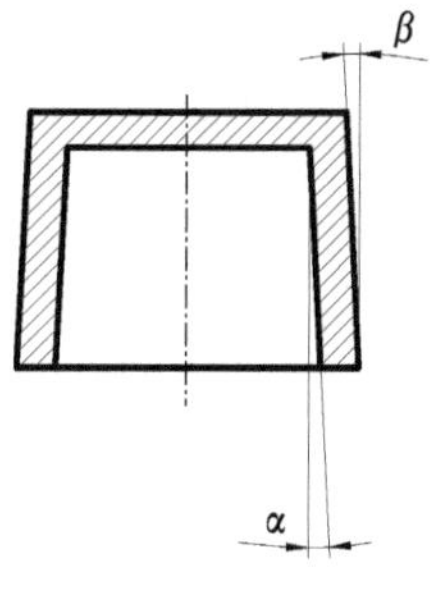

图 1－9　拔模斜度

拔模斜度的大小按下列原则确定：

(1) 材料的收缩阻力大时，拔模斜度应取大。

(2) 收缩量大、浇注温度高时，拔模斜度应取大。

(3) 制件需要拔模部分尺寸大，拔模斜度应取大。

(4) 模具型腔表面越光（即表面粗糙度越小），拔模斜度越小。

流体压力成型制件的壁厚一般较薄，因此拔模斜度取增大制件壁厚的形式。当制件尺寸精度要求不高或制件的图纸未做特殊规定时，其外形、凸出部分的拔模斜度取 0°30′，内腔、孔、凹入部分的拔模斜度取 1°。当整体制件尺寸精度要求较高或制件的图纸中某尺寸精度要求较高时，拔模斜度按表 1－11 选取，并应在尺寸公差范围内。

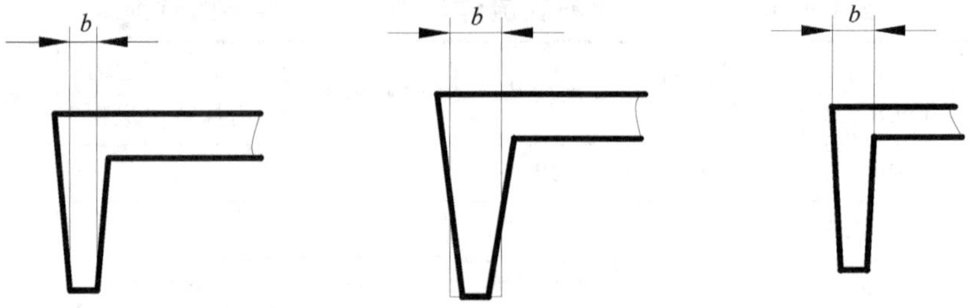

图 1-10　拔模斜度的形式

在实际生产中，模具加工时做出的拔模斜度要比图纸给出的拔模斜度小，待试模完后，根据制件脱模后的情况，在制件划伤或擦毛处以及对应的模具处再适当调大拔模斜度。

表 1-11　不同高度、不同材料的拔模斜度

材料	金属材料		高分子材料	
高度	内腔	外腔	内腔	外腔
～50 mm	50′	1°	45′	1°
＞50～100 mm	45′	1°	30′	45′
＞100～180 mm	30′	45′	30′	15′
＞180 mm	15′	45′	15′	15′

模具设计时，型芯或凸台的拔模斜度可取某高度范围的最大值，型腔的拔模斜度可取某高度范围的最小值，如图 1-11 所示。型芯的拔模斜度取最大值，动模型腔的拔模斜度取最小值，这样，试模后可根据制件实际情况对模具进行修理。

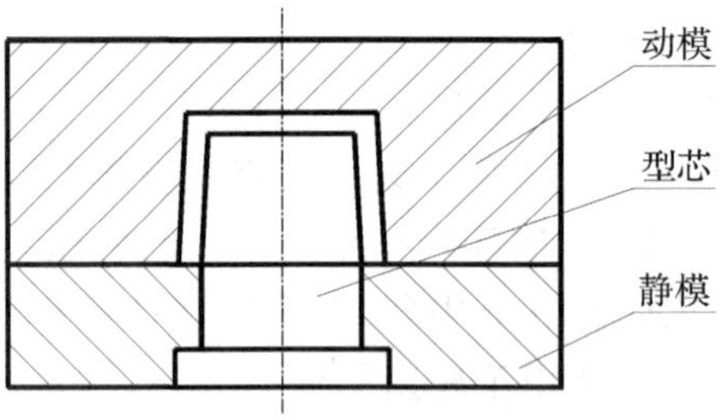

图 1-11　拔模斜度取值技巧

流体压力成型机床的顶出机构在动模部分，只有保证开模后制件停留在动模，才能有效完成制件的顶出。模具设计时，当不能完全确定制件在开模后到底停留在哪一半模时，在制件尺寸公差范围内适当调整拔模斜度可使制件在开模后停留在预想的那一半模。如图 1-12 所示，当对制件中的 d_1、d_2、d_3、d_4 有同心度要求时，分型面必须在 A—A 处且 d_1 与 d_2 设计在同一型芯上才能使模具保证其要求，但很难确定制件在开模后到底停留在哪一半模。模具设计时只要把动模的拔模斜度尽可能取小而静模的拔模斜度取大（在制件尺寸公差范围内），就可使制件在开模后停留在动模。

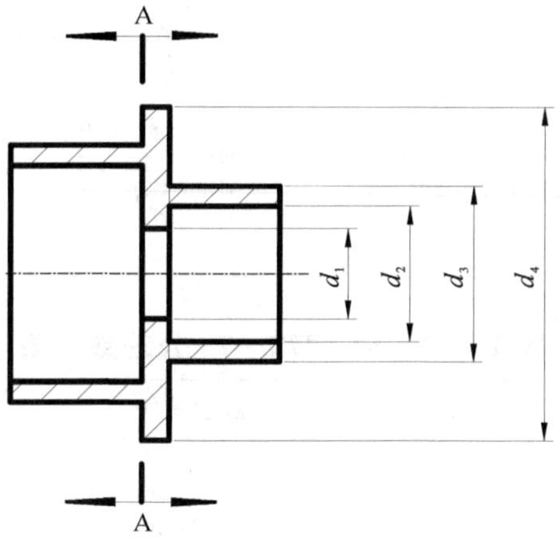

图 1－12　拔模斜度应保证开模后制件停留在动模

1.4　制件的尺寸精度和表面粗糙度

一、流体压力成型制件一般尺寸精度

1. 高分子材料流体压力成型制件一般尺寸精度

对于高分子材料流体压力成型制件尺寸精度等级标准目前应用较广的是 WJ 1266—81 和 SJ 1372—78(表 1－12 和表 1－13)。

表 1－12　高分子材料精度等级的选用(WJ 1266—81)

类别	名　　称	建议采用的精度等级		
		高精度	一般精度	低精度
1	聚苯乙烯 ABS 聚甲基丙烯酸甲酯 聚碳酸酯 聚砜 聚苯醚 聚酚醛塑料粉 胺基塑料 30% 玻璃纤维增强塑料	3	4	5
2	尼龙 6、66、610、9、1010 氯化聚醚 聚氯乙烯(硬)	4	5	6
3	聚甲醛 聚丙烯 聚乙烯(高密度)	5	6	7

续 表

类别	名　　称	建议采用的精度等级		
		高精度	一般精度	低精度
4	聚氯乙烯(软) 聚乙烯(低密度)	6	7	8

表 1-13　SJ 1372—78 公差数值表

公差尺寸 mm	精度等级							
	1	2	3	4	5	6	7	8
	公 差 值							
≤3	0.04	0.06	0.08	0.12	0.16	0.24	0.32	0.42
3～6	0.05	0.07	0.08	0.14	0.18	0.28	0.36	0.56
6～10	0.06	0.08	0.10	0.16	0.20	0.32	0.40	0.64
10～14	0.07	0.09	0.12	0.18	0.22	0.36	0.44	0.72
14～18	0.08	0.10	0.12	0.20	0.24	0.40	0.48	0.80
18～24	0.09	0.11	0.14	0.22	0.28	0.44	0.56	0.82
24～30	0.10	0.12	0.16	0.24	0.32	0.48	0.64	0.94
30～40	0.11	0.13	0.18	0.26	0.36	0.52	0.72	1.00
40～50	0.12	0.14	0.20	0.28	0.40	0.56	0.80	1.20
50～65	0.13	0.16	0.22	0.32	0.46	0.64	0.92	1.40
65～80	0.14	0.18	0.24	0.38	0.52	0.76	1.04	1.60
80～100	0.16	0.22	0.30	0.44	0.60	0.88	1.20	1.80
100～120	0.18	0.25	0.34	0.50	0.68	1.00	1.36	2.00
120～140	0.20	0.28	0.38	0.56	0.76	1.12	1.52	2.20
140～160	0.23	0.31	0.42	0.62	0.84	1.24	1.68	2.40
160～180	0.25	0.34	0.46	0.68	0.92	1.36	1.84	2.70
180～200	0.27	0.37	0.50	0.74	1.00	1.50	2.00	3.00
200～225	0.30	0.41	0.56	0.82	1.10	1.64	2.20	3.30
225～250	0.33	0.45	0.62	0.90	1.20	1.80	2.40	3.60
250～280	0.36	0.50	0.68	1.00	1.30	2.00	2.60	4.00
280～315	0.39	0.55	0.74	1.10	1.40	2.20	2.80	4.40
315～355	0.43	0.60	0.82	1.20	1.60	2.40	3.20	4.80
355～400	0.48	0.65	0.90	1.30	1.80	2.60	3.60	5.20
400～450	0.53	0.70	1.00	1.40	2.00	2.80	4.00	5.60
450～500	0.58	0.80	1.10	1.60	2.20	3.2	4.40	6.40

SJ 1372—78 把塑料件分为 8 个精度等级，1、2 级一般不采用，流体压力成型制件一般采用 3 ～ 5 级，但对图纸上没有严格要求的自由尺寸可采用 8 级精度。对孔类尺寸可取表中数值冠以(+) 号，视为基准孔；对于轴类尺寸可取表中数值冠以(—) 号，视为基准轴；对于中心距可取表中数值的一半冠以(±) 号。模具活动部分对制件尺寸影响较大，其公差值应在表中数值的基础上再加上附加值，2 级精度的附加值为 0.05 mm，3 ～ 5 级精度的附加值为 0.10 mm，6 ～ 8 级精度的附加值为 0.20 mm。

2. 金属材料流体压力成型制件一般尺寸精度

金属材料流体压力成型制件一般尺寸精度按 GB 6416—86 选用(表 1 - 14 和表 1 - 15)。

表 1 - 14　金属材料铸件尺寸公差值

基本尺寸 mm	公差等级(CT)															
	1	2	3	4	5	6	7	8	9	10	11	12	13	14	15	16
＞3			0.14	0.20	0.28	0.40	0.56	0.80	1.2							
3 ～ 6			0.16	0.24	0.32	0.48	0.64	0.90	1.3							
6 ～ 10			0.18	0.26	0.36	0.52	0.74	1.0	1.5	2.0	2.8	4.2				
10 ～ 16			0.20	0.28	0.38	0.54	0.78	1.1	1.6	2.2	3.0	4.4				
16 ～ 25			0.22	0.30	0.42	0.58	0.82	1.2	1.7	2.4	3.2	4.6	6	8	10	12
25 ～ 40			0.24	0.32	0.46	0.64	0.90	1.3	1.8	2.6	3.6	5.0	7	9	11	14
40 ～ 63			0.26	0.36	0.50	0.70	1.0	1.4	2.0	2.8	4.0	5.6	8	10	12	16
63 ～ 100			0.28	0.40	0.56	0.78	1.1	1.6	2.2	3.2	4.4	6	9	11	14	18
100 ～ 160			0.30	0.44	0.62	0.88	1.2	1.8	2.5	3.6	5.0	7	10	12	16	20
160 ～ 250			0.34	0.50	0.70	1.0	1.4	2.0	2.8	4.0	5.6	8	11	14	18	22
250 ～ 400			0.40	0.56	0.78	1.1	1.6	2.2	3.2	4.4	6.2	9	12	16	20	25
400 ～ 630				0.64	0.90	1.2	1.8	2.6	3.6	5	7	10	14	18	22	28
630 ～ 1000					1.0	1.4	2.0	2.8	4.0	6	8	11	16	20	25	32
1 000 ～ 1 600						1.6	2.2	3.2	4.6	7	9	13	18	23	29	37
1 600 ～ 2 500							2.6	3.8	5.4	8	10	15	21	26	33	42
2 500 ～ 4 000								4.4	6.2	9	12	17	24	30	38	49
400 ～ 6 300									7.0	10	14	20	28	35	44	56
6 300 ～ 10 000										11	16	23	32	40	50	64

注：(1) 不加工的配合尺寸，孔取(+)，轴取(—)；

(2) 待加工的尺寸，孔取(—)，轴取(+)，或孔与轴均取双向偏差(±)，但其偏差值为 CT6 级精度公差值的 1/2；

(3) 非配合尺寸，根据制件结构的需要，确定公差带取单向或双向，必要时可调整公称尺寸。

表 1-15　金属材料流体压力成型制件能达到的公差等级

合金类型	能达到的公差等级(CT)
锌合金	4 ～ 6
铝(镁)合金	5 ～ 7
铜合金	6 ～ 8

制件受分型面或模具活动部分影响的尺寸，按表1-16和表1-17的规定，在基本尺寸公差上再加附加值。

表 1-16　受分型面影响时制件的公差附加值

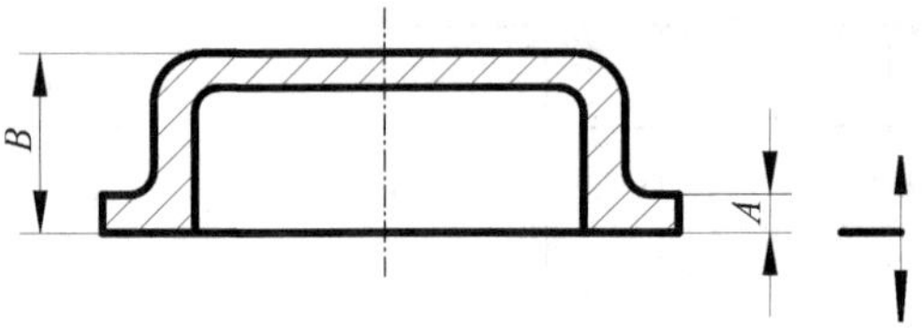

制件在分型面上的投影面积/cm^2	A 或 B 尺寸的尺寸公差附加值 /mm		
	锌合金	铝合金	镁、铜合金
≤ 150	0.08	0.10	0.10
＞ 150 ～ 300	0.10	0.15	0.15
＞ 300 ～ 600	0.15	0.20	0.20
＞ 600 ～ 1 200	0.20	0.30	

表 1-17　受活动部分影响时制件的公差附加值

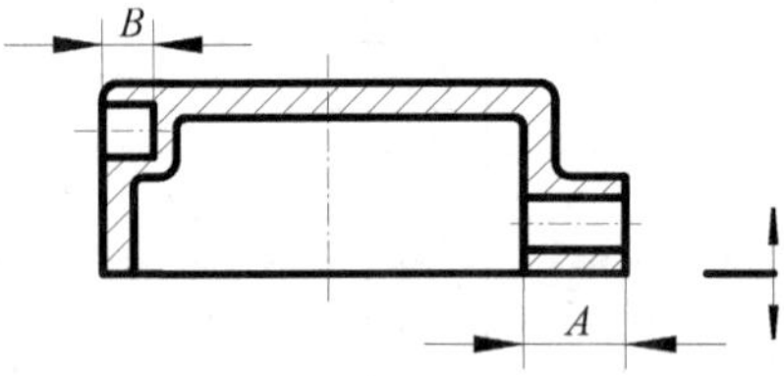

制件活动部分的投影面积/cm^2	A 或 B 尺寸的尺寸公差附加值 /mm		
	锌合金	铝合金	镁、铜合金
≤ 30	0.10	0.15	0.25
＞ 30 ～ 100	0.15	0.20	0.35
＞ 100	0.20	0.30	

孔中心距尺寸公差见表 1-18。

表 1－18　孔中心距尺寸公差

公称尺寸 /mm		≤18	>18～30	>30～50	>50～80	>80～120	>120～160	>160～210	>210～260	>260～310	>310～360
尺寸公差/mm	锌合金、铝合金	0.10	0.12	0.15	0.23	0.30	0.35	0.40	0.45	0.56	0.65
	镁合金、铜合金	0.16	0.20	0.25	0.35	0.48	0.60	0.78	0.92	1.08	1.25

注：孔中心距尺寸受分型面或模具活动部位影响时，尺寸公差在表中尺寸公差值的基础上再加表 1－17 和表中的附加值。

二、影响制件尺寸精度和表面粗糙度的因素

影响制件尺寸精度的因素很多，且十分复杂，但其主要受材料种类、制件结构、模具结构、成型工艺及使用状况等因素的影响。

1. 材料种类的影响

材料的某些性能，如刚性、收缩性等会对制件的尺寸精度造成重要影响。收缩率是影响制件尺寸精度的重要因素之一，材料种类不同，收缩率大小不同，一般来说，材料的收缩率小，收缩波动范围小，对制件尺寸精变形度的影响小，故能获得尺寸精度较高的制件。

2. 制件结构工艺性的影响

(1) 拔模斜度过小，会使制件在脱模时变形或拉伤。

(2) 制件刚性差，在脱模时使制件变形。

(3) 制件上有薄而小的深腔，使型芯的刚性不足，成型时在高压下使型芯变形。

(4) 制件的壁厚、复杂程度、自由收缩和受阻收缩。

3. 模具结构的影响

模具结构设计的是否合理和制造的精度是直接影响制件尺寸精度的重要因素之一，其影响主要有以下几点：

(1) 模具分型面的不平行度误差较大而导致制件飞边过厚，使制件在分型面的垂直方向尺寸精度差。

(2) 模具动、静模之间的定位不准确，例如导向系统的尺寸精度和配合精度不高，导向系统的强度、刚度不够，导向系统的导向长度不够都会使制件的尺寸精度降低。

(3) 型芯、活块或制件上的镶嵌件定位不准确，在成型过程中在高压、高速流体的冲撞下发生位移或者是偏移使制件的尺寸精度降低。

(4) 模具成型部分的尺寸精度不高，材料硬度不高易磨损，热稳定性差易变形都会影响制件的尺寸精度。

(5) 脱模机构设计不合理，制件顶出时使制件变形而造成制件尺寸精度的降低。

(6) 浇注系统不合理，例如浇注系统会影响制件的收缩性(见本章 1.2 节)。

4. 成型机床的影响

(1) 动、静模安装的不平行度及相互间的不平行度。

(2) 机床动、静模板之间的导向的准确性。

(3) 机床合模力不够，导致成型时制件飞边过厚，其尺寸精度降低。

5. 成型工艺因素的影响

(1) 成型比压的大小。比压大,收缩量大。

(2) 涂料的厚度及均匀性。

(3) 浇注温度和模具温度。浇注温度高、模具温度低,收缩量大。

(4) 持压时间和脱模速度。持压时间长、脱模速度慢,收缩量大。

制件的表面粗糙度主要取决于模具型腔的表面粗糙度,模具型腔表面粗糙度低,制件的表面粗糙度就低,一般模具型腔表面粗糙度取 $\overset{0.8}{\surd}$ ～ $\overset{0.4}{\surd}$ 。制件的表面粗糙度还与模具材料、结构、成型工艺等因素有关。例如浇注系统和排气系统设计不合理会使制件产生流痕、花斑、表面气孔、缩陷等缺险,使制件模具材料的表面质量降低;成型比压过大,形成充型时的飞溅,使制件的表面质量降低;模具材料硬度低易磨损或耐热疲劳性能差易龟裂,均使制件的表面质量降低。

第 2 章　高分子材料流体压力成型注射模设计

2.1　注射模的分类、组成与注射机规格的确定

一、注射模分类

注射模按所成型的材料分为热塑性塑料注射模和热固性塑料注射模，按注射模的结构特征和注射机类型可分为卧式注射机用注射模(图 2-1)、立式注射机用注射模(图 2-2)、角式注射机用注射模(图 2-3)。

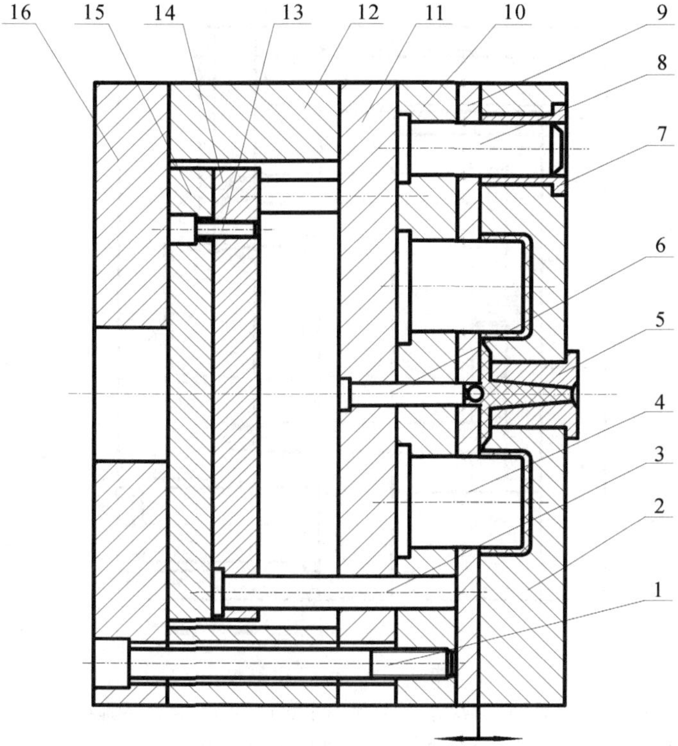

图 2-1　卧式注射模

1— 螺钉；2— 定模；3— 顶杆；4— 型芯；5— 浇口套；6— 拉料杆；7— 导套；8— 导柱；9— 推板；10— 动模；11— 动模垫板；12— 垫块；13— 螺钉；14— 顶杆板；15— 顶杆板垫板；16— 动模安装板

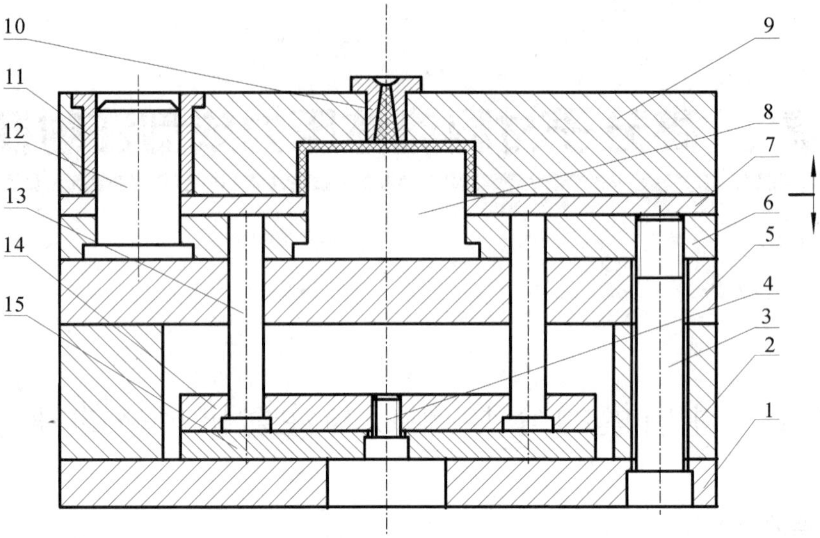

图 2-2 立式注射模

1— 动模安装板；2— 垫块；3— 螺钉；4— 螺钉；5— 动模垫板；6— 动模；7— 推板；8— 型芯；9— 定模；10— 浇口套；11— 导套；12— 导柱；13— 顶杆；14— 顶杆板；15— 顶杆板垫板

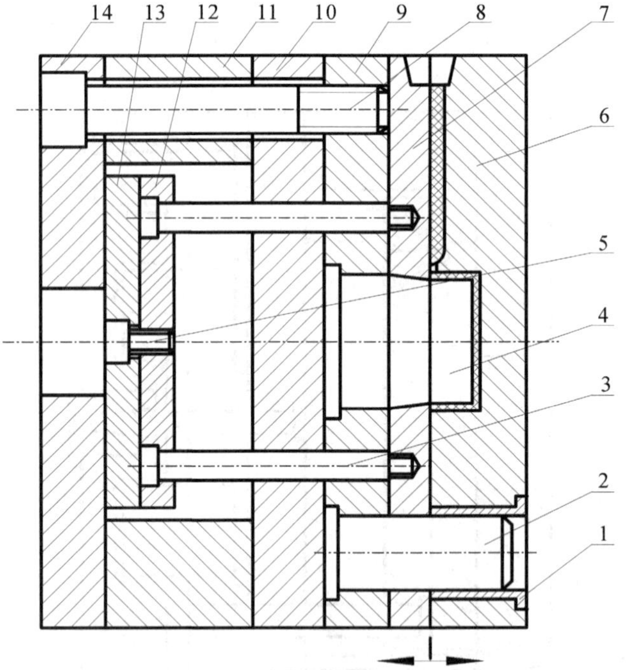

图 2-3 角式注射模

1— 导套；2— 导柱；3— 顶杆；4— 型芯；5— 螺钉；6— 定模；7— 推板；8— 螺钉；9— 动模；10— 动模垫板；11— 垫块；12— 顶杆板；13— 顶杆板垫板；14— 动模安装板

按注射模的结构形式注射模又可分为单分型面（两板式）注射模（图 2-1）、双分型面（三板式）注射模（图 2-4）。

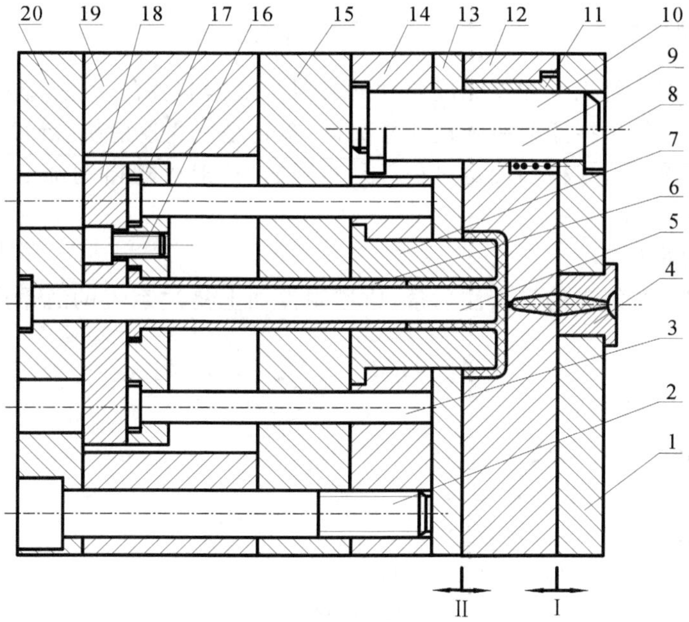

图 2－4　双分型面(三板式)注射模

1— 定模;2— 螺钉;3— 推杆;4— 浇口套;5— 型芯;6— 推管;7— 型芯;8— 弹簧;9— 限位螺钉;10— 导柱;11— 导套;12— 定模;13— 推板;14— 动模;15— 动模垫板;16— 螺钉;17— 顶杆板;18— 顶杆板垫板;19— 垫块;20— 垫安装板

二、注射模的基本组成

注射模的结构形式尽管多种多样,千变万化,但模具中的每一个固定部分在不同的模具类型中均起着相同的作用,根据各个部分在模具中所起的作用,一套注射模可由以下几个部分组成:

(1) 成型零件 —— 由动模型腔、静模型腔、型芯、镶块、活块等组成。

(2) 浇注系统 —— 是流体由注射机的喷嘴进入型腔的通道,由主流道、分流道、进料口、冷料穴组成。

(3) 导向系统 —— 是为了保证动、静模在开合模过程中准确对位或者脱模机构运行准确、平稳而设置的部件,由导柱和导套或导孔组成。

(4) 脱模机构 —— 完成制件脱模的机构,其结构形式有推杆、推管和推板三种形式,这三种形式可任意组合使用。

(5) 侧抽芯机构 —— 对于有侧孔或侧凹的制件,对开模和脱模形成障碍,必须在开模和脱模的同时,侧向抽出障碍完成开模和脱模,侧向抽出障碍的机构为侧抽芯机构。

(6) 调温系统 —— 为了满足成型工艺对模具温度的要求,需要有调温系统对模具温度进行调节。

(7) 排气系统 —— 为了顺利地把型腔内的气体排除干净,避免产生气泡、对接痕、充型不足等缺陷,在型腔内的死角部位应设置排气槽。排气系统设计非常灵活,可通过合理的分型面、顶杆、型芯、活块、镶块等达到排气的目的。

(8) 其他辅助部件 —— 如支承固定零件、定位和限位零件等。

三、注射机规格的确定

模具必须安装在注射机上才能完成制件的成型。根据制件的大小、结构、成型工艺性、技术要求、产量等，合理的选择注射机规格非常关键，不管是立式注射机、卧式注射机还是角式注射机，对制件来说，注射机规格的确定过程都是相同的，注射机规格的确定应对注射机以下参数进行计算：

（一）最大注射量计算

每台注射机都有其规定的最大注射量，成型制件加上浇注系统的总量应小于注射机的最大注射量。即

$$M_{总} = nM_{制} + M_{浇} \leqslant G \tag{2-1}$$

式中 n —— 型腔个数；

$M_{制}$ —— 每个制件的质量(g)；

$M_{浇}$ —— 浇驻系统的质量(g)；

G —— 注射机的最大注射量(g)。

实际生产中 $M_{总}$ 最大只取 G 的 80%，即

$$M_{总} = nM_{制} + M_{浇} \leqslant 80\%G \tag{2-2}$$

（二）锁模力计算

塑料流体在高压、高速下充入型腔后，将会在模具的分型面上产生很大的压力，此压力足以使模具在分型面上张开，使塑料流体沿分型面溢出，形成厚大的飞边，影响制件的尺寸精度，严重时会造成生产事故，因此模具设计前必须对锁模力进行计算。即

$$KEFp = 1\,000T \tag{2-3}$$

式中 F —— 指分型面上的最大投影面积（包括制件、浇注系统、冷料穴等在分型面上的投影面积）(m^2)；

p —— 注射机料杆比压(Pa)；

T —— 注射机的锁模力(N)；

K —— 安全系数，一般取 1.1 ～ 1.25；

E —— 黏度系数，与塑料的流动性、制件的结构及浇注系统的形式等有关，一般取 0.25 ～ 0.50。

每一种材料，对于一定的制件结构，要成型一个完整、合格的制件，需要一定的成型比压 q(Pa)。成型比压 $q = Ep$，因此，制件的结构和材料在一定的条件下，调整浇注系统的形式、位置、尺寸大小可改变成型比压 q。一般 q 取 $(200 \sim 400) \times 10^5$ Pa。表 2-1 是一些材料在标准试验制件下可选用的成型比压。

表 2-1　常用材料可选用的成型比压

材料种类	成型比压 10^5 Pa	材料种类	成型比压 10^5 Pa
高压聚乙烯(PE)	100 ～ 150	聚苯乙烯(PS)	150 ～ 200
低压聚乙烯(PE)	200	苯乙烯-丙烯腈(AS)	300
聚丙烯(PP)	150	苯乙烯-丁二烯-丙烯腈共聚(ABS)	300
有机玻璃(PMMA)	300	醋酸纤维素脂	350

注：试验制件的尺寸：371 mm × 271 mm × 53 mm；壁厚：2.5 mm。

同一种材料，制件的复杂程度、技术要求（如精度和表面质量）不同，成型一个完整、合格的制件需要的比压也不同（表 2-2）。

表 2-2　制件的复杂程度、技术要求不同时可选用的成型比压

制件的条件	成型比压 10^5 Pa	举　例
简单的	250	聚乙烯、聚苯乙烯等易成型壁厚均匀且简单的日用品、容器等
普通的	300	薄壁类制件
高黏度料、高精度	350	ABS、聚甲醛等高精度的工程类制件
特高黏度料、特高精度	400	醋酸纤维素脂等高精度的精密机械制件

（三）最大注射压力的核定

在实际生产中，确定制件的成型机床时，只考虑最大注射量和锁模力还不够，还必须满足注射机的额定注射压力，即

$$p > p' \qquad (2-4)$$

式中　p —— 注射机料杆的额定注射比压（Pa）；

p' —— 制件所需的成型比压（Pa）。

制件所需的成型压力一般很难确定，因为影响它的因素很多，它与塑料的流动性、注射机的喷嘴形式、制件的几何形状、浇注系统的形式和尺寸大小有关，对于一般的制件，其成型压力可在$(700 \sim 1\,500) \times 10^5$ Pa 内选取。

（四）模具外形尺寸、开合模距离与注射机相关参数的关系

注射机的安装等相关参数如图 2-5 所示。

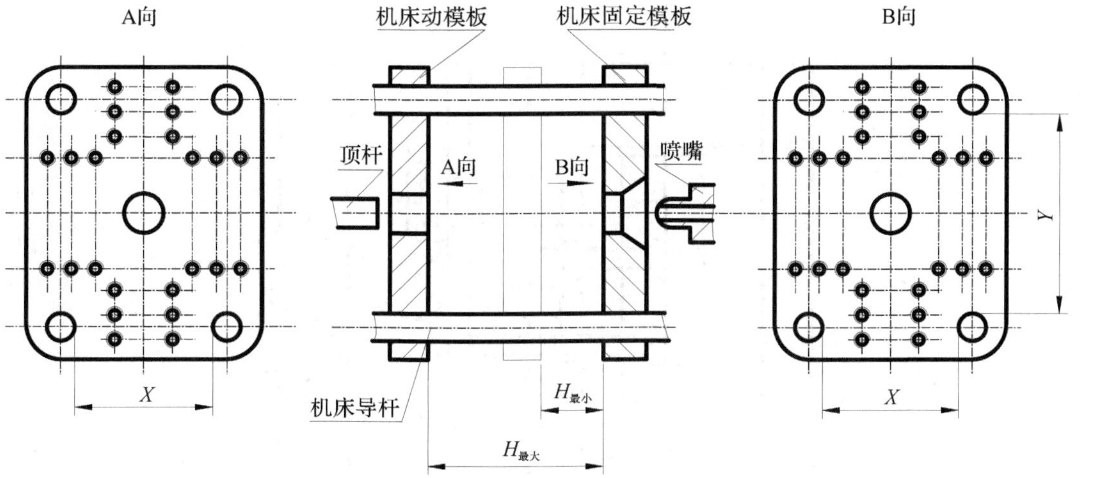

图 2-5　注射机的安装等相关参数

图中 X,Y 为机床四根导杆之间的距离，$H_{最大}$ 为机床的最大开档，$H_{最小}$ 为机床的最小开档。$H_{最大} - H_{最小}$ 为机床的最大开模行程 $S_{开}$。

模具最终要装在注射机上完成其使命，因此设计模具时还要考虑模具外形尺寸、开合模尺

寸与注射机的安装尺寸等相关参数的关系。

1. 模具外形尺寸与注射机安装尺寸的关系

模具的外形尺寸(图 2-6)必须与机床四根导杆之间的距离 X、Y 相匹配,即 $X > X'$、$Y > Y'$,也可以 $X > X'$ 而 $Y < Y'$ 或者 $Y > Y'$ 而 $X < X'$。

2. 模具厚度的校对

模具厚度(合模高度)必须满足

$$H_{最小} \leqslant H_{模} \leqslant H_{最大} \tag{2-5}$$

式中 $H_{最大}$—— 机床的最大开档;

$H_{最小}$—— 机床的最小开档。

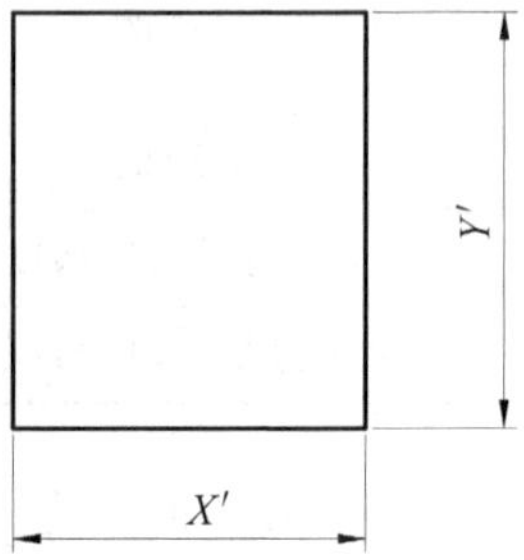

图 2-6 模具外形尺寸

3. 开模行程的校对

模具厚度在注射机的最大开档和最小开档之间仅是模具厚度对注射机最基本的要求,还要考虑到注射机的最大开模行程,现针对不同类型的模具分述如下:

(1) 单分型面注射模(图 2-7)。从图 2-7 中可看出

$$H_{动} = H_1 + H_2, \quad H_{静} = H_3$$

因此

$$H_{动} + H_{静} + H_{制浇} + H_{凸} + (5 \sim 8) \leqslant S_{开} \tag{2-6}$$

式中 $H_{动}$ —— 动模的厚度(mm);

$H_{静}$ —— 静模的厚度(mm);

$H_{制浇}$—— 带浇注系统制件的高度(mm);

$H_{凸}$ —— 模具凸出分型面的厚度(mm);

$S_{开}$ —— 注射机最大开模行程。

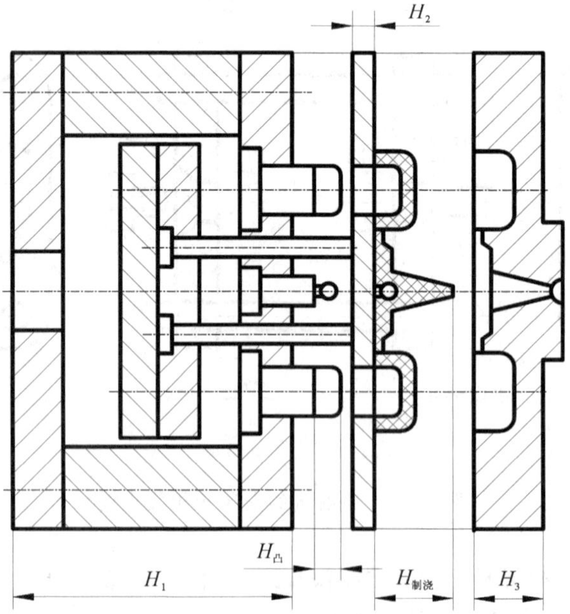

图 2-7 单分型面的开模行程

(2) 双分型面注射模(图 2－8)。从图 2－8 中可看出

$$H_{动} = H_1 + H_2, \quad H_{静} = H_3 + H_4$$

因此

$$H_{动} + H_{静} + H_{制} + H_{凸} + H_{浇} + (5 \sim 8) \leqslant S_{开} \tag{2-7}$$

式中　$H_{制}$ —— 制件的高度(mm);

　　　$H_{浇}$ —— 浇注系统凝料高度(mm)。

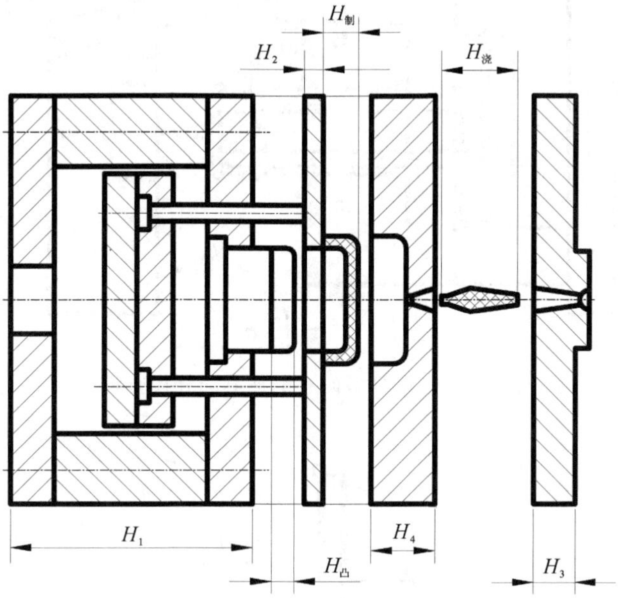

图 2－8　双分型面的开模行程

(3) 有侧抽芯机构的注射模。有侧抽芯机构的注射模,还要考虑完成侧抽芯的开模距离,如图 2－9 和图 2－10 所示,不管是单分型面还是双分型面,当完成侧抽芯的开模距离 H_c 大于制件高度 $H_{制}$ 时,只要把式中的 $H_{制浇}$ 或 $H_{制}$ 换成 H_c 即可。即

$$H_{动} + H_{静} + H_c + H_{凸} + (5 \sim 8) \leqslant S_{开} \tag{2-8}$$

$$H_{动} + H_{静} + H_c + H_{凸} + H_{浇} + (5 \sim 8) \leqslant S_{开} \tag{2-9}$$

当侧抽芯的开模距离 H_c 小于制件高度 $H_{制}$ 时,开模行程按式(2－7) 校对。

(五) 顶出装置的校对

各种注射机的顶出形式、顶杆位置、最大顶出距离和最大顶出力各不相同,模具设计时应予以考虑。

(1) 模具的顶出距离要小于注射机的最大顶出距离。

(2) 顶出制件所需要的最大顶出力要小于注射机的最大顶出力。

(3) 注射机的顶出形式、顶杆位置的校对。注射机的顶出形式、顶杆位置可分为以下几类:

1) 中心顶杆机械顶出,这种类型的注射机可不需对顶杆位置校对,如卧式 XS－Z－60 型、立式 SYS－Z－30 型、角式 SYS－45、SYS－60 型。

2) 两侧双顶杆机械顶出,这种类型的注射机需对顶杆位置校对,模具顶杆板的尺寸应大于两侧顶杆的距离,如卧式 XS－ZY125。

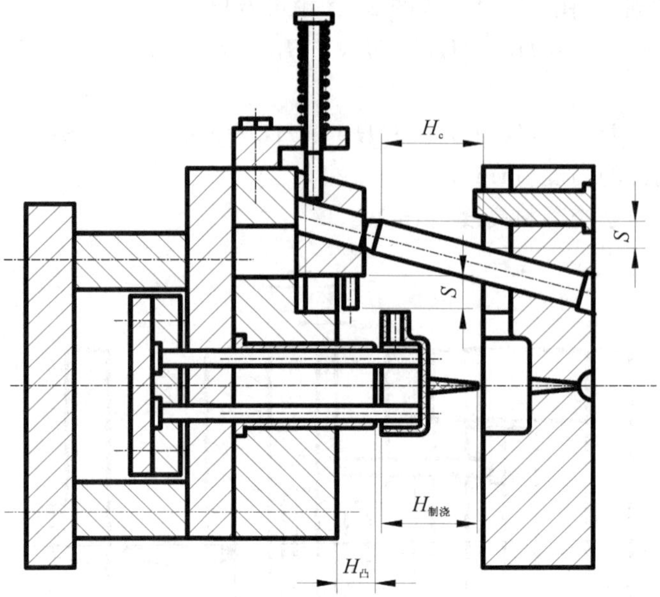

图 2-9 单分型面有侧抽芯的开模行程

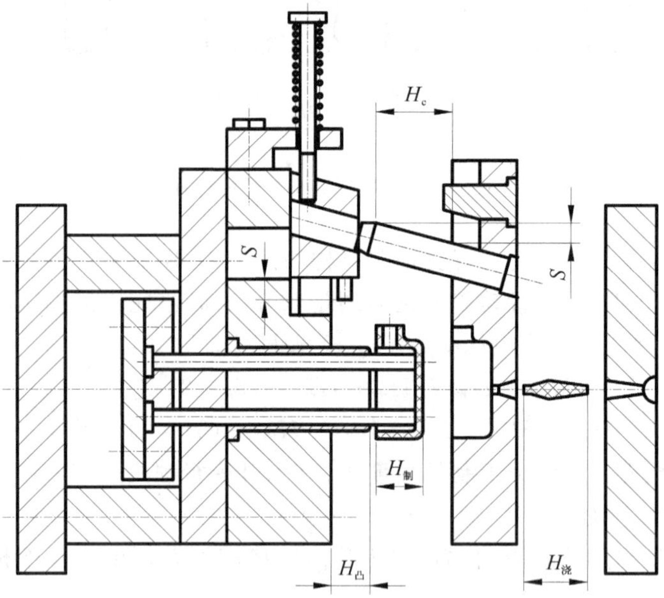

图 2-10 双分型面有侧抽芯的开模行程

3）中心顶杆液压顶出与两侧双顶杆机械顶出联合作用，这种类型的注射机需对顶杆位置校对，模具顶杆板的尺寸应大于两侧顶杆的距离，如卧式 XS-ZY-250 型、XS-ZY500 型。

4）中心顶杆液压顶出与其他辅助油缸联合作用，顶出校对同 3），如 XS-ZY-1000 型。

表 2-3 是部分国产注射机与模具有关的技术参数。

表 2－3　部分国产注射机与模具有关的技术参数

型号	XS－ZS－22	XS－Z－30	XS－Z－60	XS－ZY－125	G54－S－200/400	XS－ZY－250	SZY－300
最大注射量 /cm^3	30;20	30	60	125	200 ～ 400	250	320
注射压力 /10^5 Pa	750;1170	1190	1220	1190	1090	1300	775
注射方式	双柱塞式	柱塞式	柱塞式	螺杆式	螺杆式	螺杆式	螺杆式
锁模力 /10^4 N	25	25	50	90	254	180	150
最大成型面积 /cm^2	90	90	130	320	645	500	
最小开档 /mm	60	60	70	200	165	200	285
最大开档 /mm	220	220	250	500	425	700	625
最大开模行程 /mm	160	160	180	300	260	500	340
模具外形尺寸 /mm	235 × 235	90 × 300	190 × 300	260 × 290	290 × 368	448 × 370	400 × 300
喷嘴球形半径 /mm	12	12	12	12	18	18	18
喷嘴口径 /mm	2	4	4	4	4	4	
型号	XS－ZY－500	XS－ZY－1000	SZY－2000	XS－ZY－3000	XS－ZY－4000	XS－ZY－6000	T－S－Z－7000
最大注射量 /cm^3	500	1000	2000	3000	4000	6000	7000(g)
注射压力 10^5 Pa	1040	1210	900	900;1150	1060	1100	1130
注射方式	螺杆式	螺杆式	螺杆式	螺杆式	螺杆式	螺杆式	螺杆式
锁模力 /10^4 N	350	450	600	630	1000	1800	1800
最大成型面积 /cm^2	1000	1800	2600	2520	3800	5000	7200 ～ 14000
最小开档 /mm	300	300	500	400	700	700	600
最大开档 /mm	800	1000	1250	1520	1800	2100	2100
最大开模行程 /mm	500	700	750	1120	1100	1400	1500
模具外形尺寸 /mm	500 × 444	650 × 550	760 × 700	900 × 800	1050 × 950	1350 × 1460	1200 × 1300
喷嘴球形半径 /mm	18	18	18	18	18		
喷嘴口径 /mm	5	5					

2.2　分型面的确定

注射模成型部分由两半模组成，打开模具取出制件或浇注系统凝料的面称为分型面，分型面是模具结构中的基准面，是型腔设计的第一步，它直接影响制件的质量、模具结构及成型工艺性，它受制件的形状、壁厚、外观要求、尺寸精度、型腔数目、浇注系统及排气系统等诸多因素的影响，因此确定模具的分型面是模具设计中的重要环节。

一、分型面的类型

分型面一般可分为三种，平直分型面、曲面分型面、组合分型面，如图 2－11 所示。

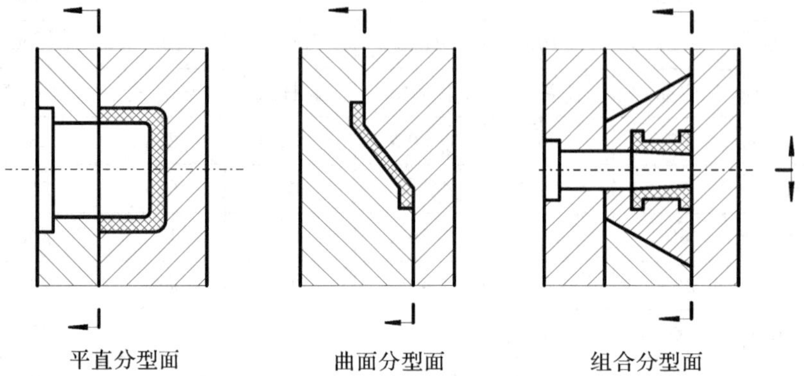

图 2－11 分型面的类型

二、分型面的确定原则

分型面确定后，就确定了制件在两半模中所占有的位置，按制件在两半模中所占有的位置，分型面与型腔的相对位置有三种形式(图 2－12)。

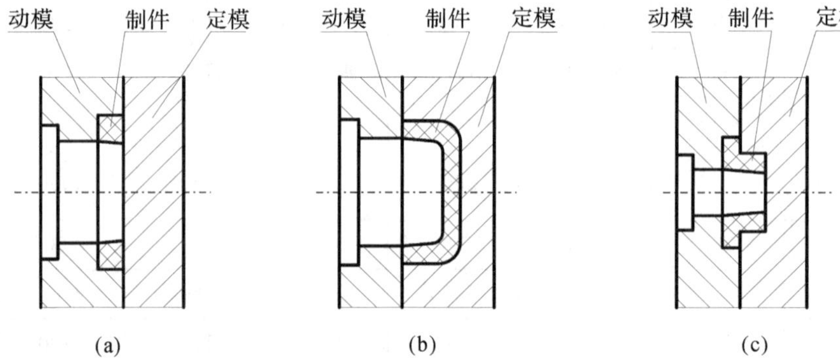

图 2－12 分型面与型腔的相对位置

(a) 型腔全部在动模内； (b) 型腔全部在静模内； (c) 动、静模内都有型腔

分型面与型腔的相对位置是哪一种形式，取决于制件的结构、成型工艺性及制件的各项技术要求。分型面的确定应遵循以下原则：

(1) 能打开模具并顺利脱模。为使制件能从模具内取出而不损伤制件或不使制件变形，分型面的位置应取在制件断面尺寸最大处，这是确定分型面最根本的一条原则。

(2) 打开模具后应保证制件停留在动模内，因为机床的顶出机构在机床的动模部分。如图 2－13(a) 的左图，此分型面就很可能使制件在开模具后停留在静模内而使制件无法脱模，图 2－13(a) 的右图分型面就能保证制件在开模具后停留在动模内使制件顺利脱模。图 2－13(b) 的左图，因镶嵌件不收缩，制件在开模具后停留在静模内，图 2－13(b) 的右图就能保证制件在开模具后停留在动模内。

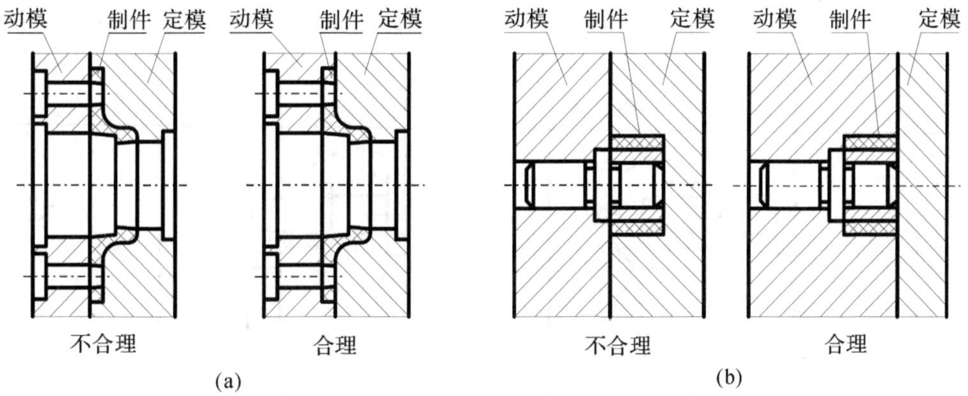

图 2-13　开模后应保证制件停留在动模内

(3) 应满足制件的技术要求。制件在使用中若有一些特殊要求，如高精度、平行度、同心度的要求，分型面的确定应保证制件在成型后满足这些要求(图 2-14)。图 2-14(a) 制件的高度 h 有精度要求，若两半模都有型腔，分型面会影响到高度 h 的精度，若把型腔全部放在一个半模，就很容易保证高度 h 的精度。图 2-14(b) 制件中的 D_1、D_2 和 D_3 有同心度要求，只有把型腔全部放在一个半模，才很容易满足其同心度要求。

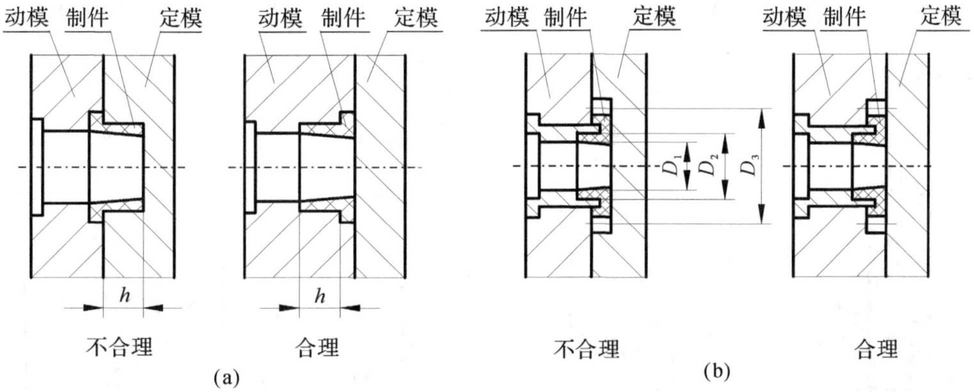

图 2-14　分型面的确定应保证制件的精度或同心度要求

(4) 保证制件的外观质量。分型面不能选择在制件光滑的外表面，以避免去除毛边或浇注系统时损伤制件，影响其外观质量(图 2-15)。

(5) 使模具结构简单、易于加工。如图 2-16(b) 采用曲面分型，可使模具结构简单，易于加工，且易保证制件的尺寸精度，若采用图 2-16(a) 的直面分型，模具中型芯必须组合加工，才能使制件从型腔中取出，如果孔的斜度再大一些，须采用侧抽芯机构才能使制件脱模，导致模具结构复杂，难于加工，且很难保证制件的尺寸精度。

(6) 应满足制件的成型工艺。充型过程就是排除型腔中气体的过程，此外，塑料熔体也会分解产生微量气体，流体压力成型又是在高压、高速下成型，因此排除型腔中的气体将会避免产生气泡、接缝、焦痕、充模不满等缺陷。如图 2-17(a) 和(b) 的左图分型面为不合理分型面，此分型面会导致充型过程中排气不畅，改为右图的分型面将大大改善充型过程中的排气条件。

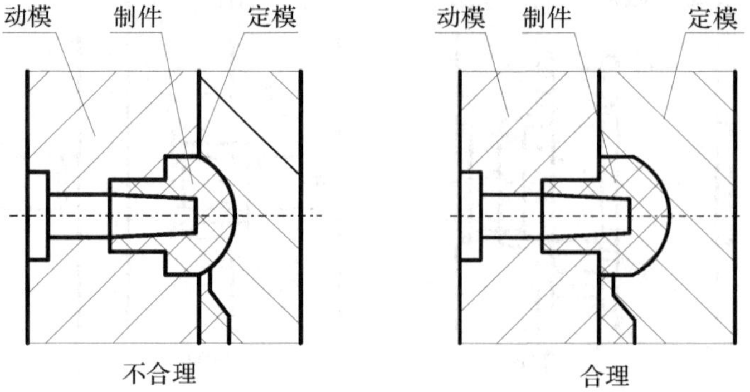

图 2-15 分型面对制件外观质量的影响

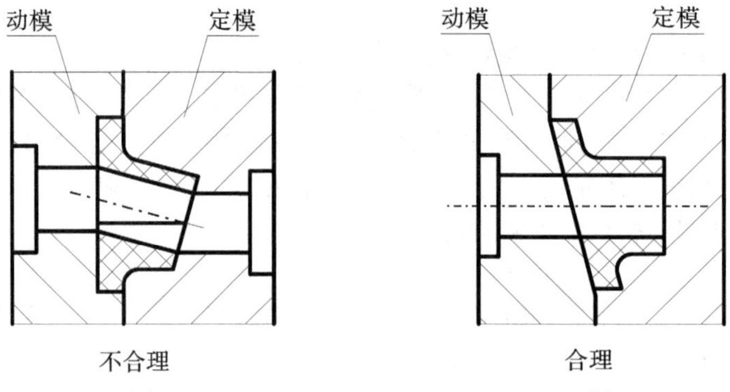

图 2-16 简化模具结构

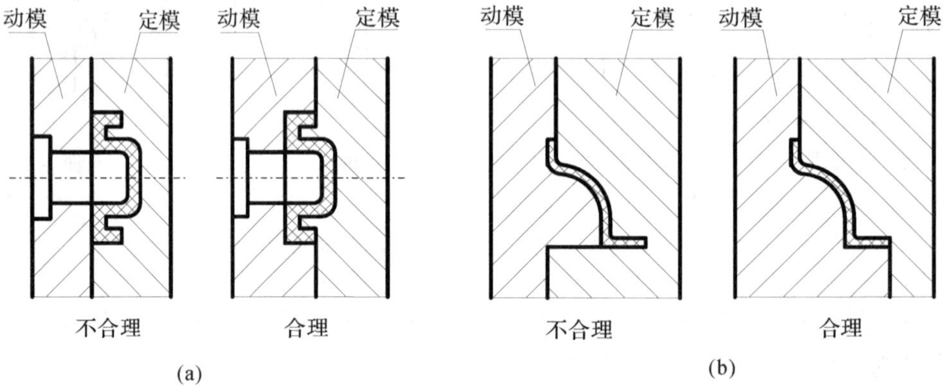

图 2-17 改善成型工艺

(7) 有侧抽芯机构时，应尽量使其结构简单、易加工。有侧孔或侧凹的制件，必须有侧抽芯机构才能完成开模与脱模，侧抽芯机构使模具结构变得复杂，合理的分型面可简化模具结构。有侧孔或侧凹的制件，确定分型面时应注意以下几点：

1) 型芯和滑块尽量放在动模内，这样，斜导柱就在静模内，模具结构简单，侧抽运行可靠。如图 2-18 所示，采用图 2-18(a) 的分型面，型芯和滑块就在静模内，必须采用顺序定距分型结构，需要两次开型，使模具结构变得复杂。采用图 2-18(b)，在开模过程中一次就可完成侧抽，模具结构简单。

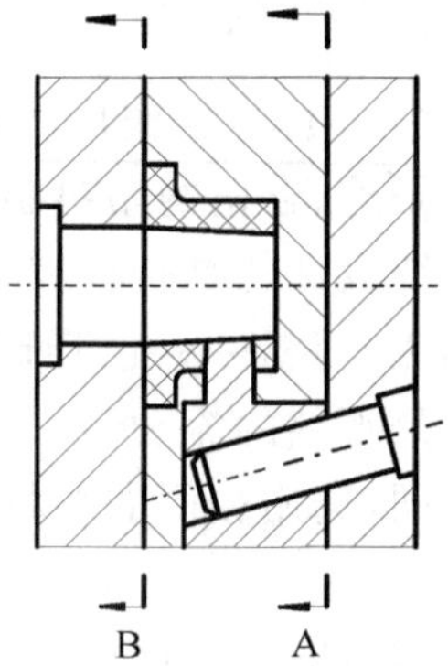

(a)　　(b)

图 2-18　侧抽芯尽量设在动模

2）当制件上有多组抽芯时，应将抽芯距离短的作为侧抽芯，如图 2-19 所示。

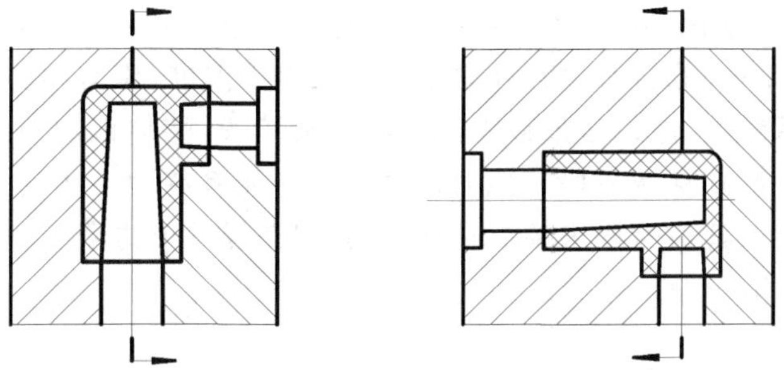

不合理　　合理

(a)　　(b)

图 2-19　选用较短的侧抽芯

(8) 分型面应考虑机床的锁模力和开模行程。如图 2-20 所示，当开模行程足够大而锁模力不足时选用图 2-20(a) 所示分型面，当锁模力足够大而开模行程不足时选用图 2-20(b) 所示分型面。

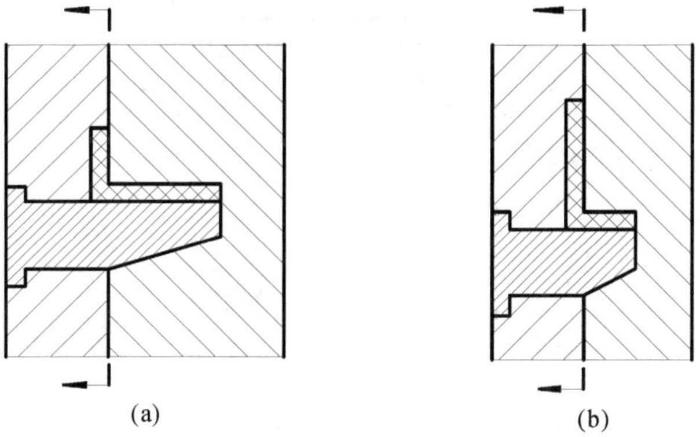

(a)　　(b)

图 2-20　分型面应考虑注射机的参数

2.3　浇注系统设计

浇注系统是注射模结构中非常重要的组成部分之一，其主要作用是通过注射压力把塑料熔体通畅、平稳地注入型腔的各个部位，形成完整、无缺陷、合格的塑料制件。塑料制件的许多缺陷如熔接痕、花斑、缺肉、气孔、缩陷等，都与浇注系统设计的是否合理有关。也就是说，浇注系统设计不当是形成以上诸多缺陷的主要因素之一，因此浇注系统设计是注射模设计中的一个主要内容。浇注系统设计时考虑的因素有两个，一是塑料的流动性，二是塑料制件的结构特征，同一制件，选用塑料不同，浇注系统的设计有所不同，选用相同的塑料，制件的结构不同，浇注系统的设计会大不相同。

设计浇注系统时首先要考虑的是塑料的流动性，塑料的流动性可以用表观黏度来表示，流动性是塑料本身所具有的性能，主要取决于高分子聚合物分子量的大小和分子量的分布、分子支化程度及其塑料的组成，其次也受外界因素影想响，一是注射温度，二是注射压力，三是剪切速率。表观黏度随温度、压力、剪切速率的增大而降低。黏度低，流动性好，流速快，充型能力强，易形成完整、清晰、合格的制件，但流速太快，充型时易形成紊流，甚至飞溅，会形成熔接痕、流痕、憋气、表面不光等缺陷，设计浇注系统时要特别注意。我们知道，注射成型分为三个阶段，即充模阶段、保压阶段和凝固阶段，在整个成型过程中温度、压力和剪切速率都是随时随处变化的，在设计浇注系统时，应综合加以考虑。在充模阶段，熔体以尽可能低的表观黏度和较快的速度充满整个型腔，在保压阶段又能通过合理的浇注系统使压力充分地传递到型腔的各个部位，同时通过浇口的适时凝固来控制补料时间，以获得外形清晰、尺寸稳定、内应力小且无气泡、缩陷、流痕等缺陷的塑件。

一、浇注系统的组成及作用

注射模的浇注系统一般由主浇道、分浇道（横浇道）、进料口（内浇口）、冷料穴和排气槽或溢流槽等部分组成，如图 2 - 21 所示。

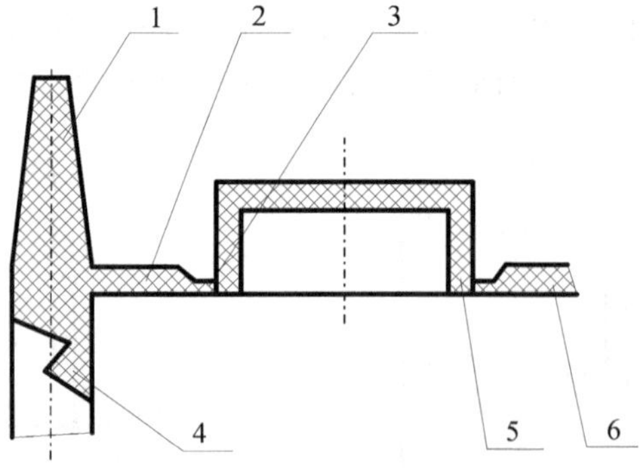

图 2 - 21　浇注系统的组成

1— 主浇道；2— 分浇道；3— 内浇口；4— 冷料穴；5— 制件；6— 排气槽或溢流槽

主浇道 —— 将熔体从喷嘴引入型腔的首要部位。

分浇道 —— 熔体由主浇道进入型腔的过渡阶段，合理的分浇道断面大小和形状可使熔体平稳地进入型腔，对于多型腔模分浇道还起到分流的作用。

进料口 —— 是浇注系统组成中的关键部分，合理的进料口位置、形式和大小可保证熔体平稳地充满型腔，形成完整、无缺陷、合格的塑料制件。

二、浇注系统的设计原则

(1) 根据制件的大小、形状、壁厚以及选择的分型面形式合理选择浇注系统的形式、大小及位置。

(2) 浇注系统的形式、大小及位置应保证熔体进入型腔不产生紊流，且排气通畅。

(3) 在满足成型和排气通畅的前提下，流程应尽量短，少转折，以减少压力损失，节省原料。

(4) 进料口的形式和位置应结合制件的形状和要求，做到整修方便，且不影响制件的外观质量。

(5) 进料口的位置应尽量避免正面冲击小型芯和金属镶嵌件，防止小型芯变形或金属镶嵌件移位。

(6) 进料口的位置和数量应保证在凝固过程中制件不翘曲、不变形。

三、浇注系统的设计

(一) 主浇道的设计

主浇道是熔体从注射机喷嘴喷出时最先经过的部位，与注射机喷嘴在同一轴线上，由于主浇道与热的熔体反复接触、碰撞，易受损，为了整修和制造方便，一般主浇道不直接开在定模上，而是制成可拆卸的浇口套固定在定模上，主浇道的基本结构和固定形式如图 2－22 所示。

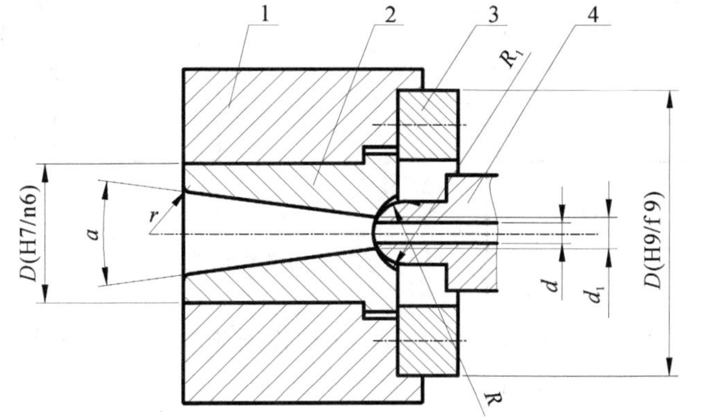

图 2－22　主浇道的基本结构

1— 定模；2— 浇口套；3— 定位环；4— 注射机喷嘴

1. 主浇道的设计要点

由图可看出，主浇道的设计要点如下：

(1) 为了便于浇注凝料从主浇道中取出，主浇道设计成锥度为 $\alpha = 3° \sim 5°$ 的圆锥孔，锥度不宜过大，过大不仅易形成涡流，而且增加回收料。

(2) 主浇道出口应圆角过渡，一般 $r = 1 \sim 3$ mm。

(3) 在满足制件成型的条件下，主浇道应尽可能短些，以减少压力损失和回收料。

(4) 主浇道尽量不要做成两段组合式的，否则，熔体易从接缝处溢出形成劈缝，影响脱模。

(5) 主浇道口的球面 R_1 应与喷嘴的球面 R 相匹配，一般主浇道口的球面半径 SR_1 大于喷嘴的球面 0.5 ～ 1 mm。

(6) 主浇道口的进料口直径应大于喷嘴的出料口直径，即 $d_1 = d + 1 \sim 2$ mm。

(7) 浇口套材料选用优质高碳钢 T8A，浇口套与定模的配合精度选用 H7/n6，定位环与注射机的定位孔配合精度选用 H9/f9。

2. 浇口套的结构形式

图 2－23 为浇口套的几种结构形式。

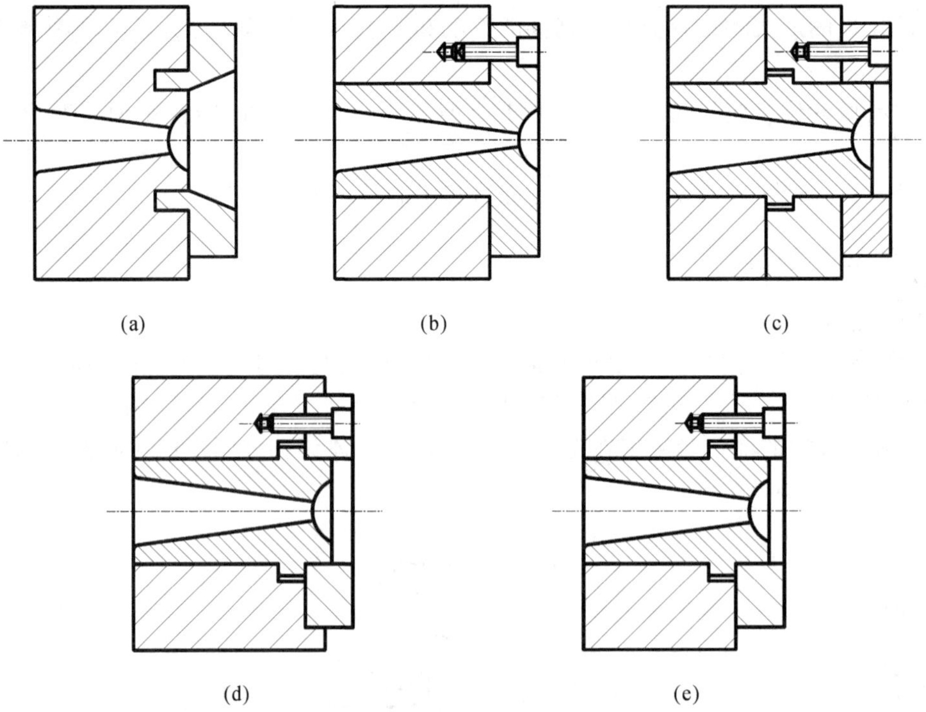

图 2－23　浇口套的结构形式

图 2－23(a) 是将主流道开设在定模板上，端面设有定位环。由于主流道不能进行淬硬处理，只在产品批量不大的特小模具中采用。

图 2－23(b) 是将注射机定位孔的配合处与浇口套设计成为一体，将浇口套压入定模板内，再在端面用螺钉紧固，结构简单，用于小型模具中。

图 2－23(c) 是将浇口套夹在两块定模板之间，端面设有定位环。

图 2－23(d)，(e) 是最常用的两种形式，它在浇口套端部设一个与注射机定位孔相配的定位环，并在端面用螺栓将浇口套压在模体内，克服塑件对浇口套的反座力。在大型模具中，往往再设一个活动的定位圈，套在原定位环上，以便在更换注射机时进行调整和更换。

(二) 分浇道(横浇道) 设计

分浇道设计时主要考虑分浇道的长度、截面形状和截面大小三个因素。

分浇道的长度在可能的情况下应尽量短，以减少压力和热量损失，避免模具过大，提高成本。在多型腔模中各分浇道的长度应力求相等，以达到压力传递平衡，保证熔体同时均衡地充满各个型腔。分浇道的长度较长时，应在其末端设置冷料穴，防止冷料和气体进入型腔。

分浇道的截面形状常用的有圆形、半圆形、梯形及矩形。

为了减少分浇道内的热量和压力损失，应使分浇道的截面最大而内表面即截面周长最小，一般用分浇道的效率来表示。即

$$\eta=\frac{S}{L} \tag{2-10}$$

式中　η—— 分浇道的效率；

S—— 分浇道的截面大小；

L—— 分浇道的截面周长。

因此在选用分浇道的截面形状时必须考虑分浇道的效率、加工的难易程度及浇道凝料的取出等问题。表 2-4 为分浇道的效率与截面形状的关系。

(1) 圆形截面。由表 2-4 可知，圆形截面效率最高，但分浇道在两半模内都有形状，制造起来比较麻烦，合模时易产生错位现象。

(2) 半圆形截面。它的效率比圆形要差一些，但加工起来比圆形截面要简单一些。

(3) 梯形截面。效率在圆形和半圆形截面之间，但加工起来较为简单，是最常用的一种形状。宽度 D 一般取 4 ～ 8 mm，高度 $H=2/3D$，斜度 $\alpha=5^\circ$ ～ 10°。

(4) 矩形截面。效率较低，且不便于取出凝料，一般不常用。

表 2-4　分浇道的截面形状与效率的关系

横浇道截面形状	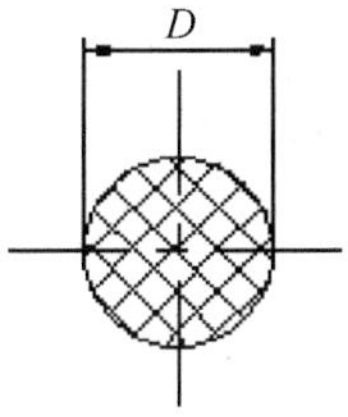	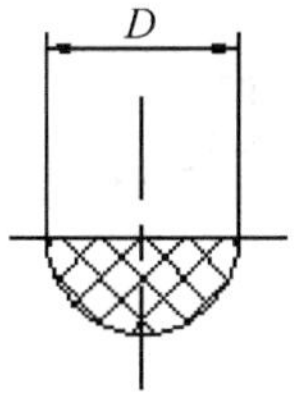	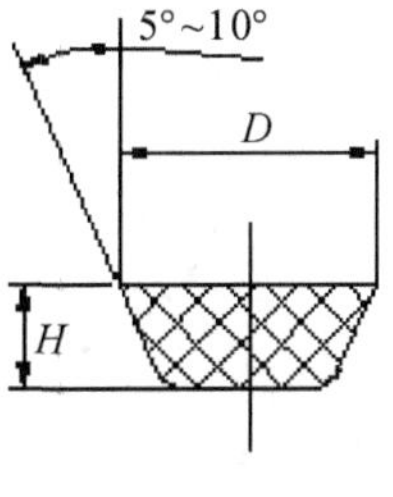	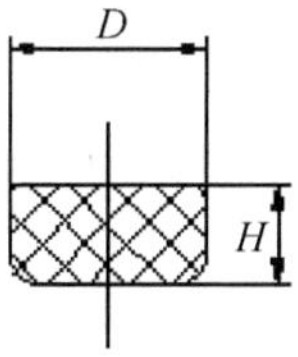
效率(η) ($\frac{S}{L}$)	$0.25D$	$0.153D$	$0.195D$ ($H=\frac{2}{3}D$)	$0.166D$ ($H=\frac{1}{2}D$)

分浇道的截面大小应根据制件的成型体积、壁厚、成型工艺性和分浇道的长度等因素来决定，对于圆形截面的分浇道，制件壁厚小于 3 mm 的中、小型制件截面大小按经验公式

$$D=0.265\,4W^{\frac{1}{2}}L^{\frac{1}{4}} \tag{2-11}$$

计算。

式中　D —— 分浇道截面直径(mm)；

W —— 流经分浇道的熔体量(g)；

L —— 分浇道长度(mm)。

对于流动性差的塑料，式(2-11) 要乘以 1.2 ～ 1.25 的系数。

（三）内浇口（进料口）设计

内浇口是浇注系统的终端，一般长度很短且截面积很小，塑料熔体在高压下通过进料口时，流速加快、摩擦作用加强，又会使熔体温度稍有升高、流动性提高，有利于充型，它是浇注系统的关键部位，因此它的形状、位置和尺寸大小的确定合适与否决定着塑件的质量，塑件的许多缺陷如缺料、缩孔、熔接痕、翘曲变形等往往是内浇口的设计不当造成的。

1. 内浇口尺寸的确定

(1) 内浇口的厚度。内浇口的厚度直接影响塑料熔体在型腔内的流动性，因而对制件的质量影响较大，内浇口厚度减小时，加速作用明显，对充填薄壁制件有利，易获得外形清晰的制件；内浇口厚度过小，浇口冷凝快，造成补缩困难，甚至于成型不满。浇口厚度增加，塑料熔体进入型腔的流速会下降，流动平稳又有利于排出型腔内的气体，可提高制件的表面质量，但浇口过厚，熔体进入型腔的流速会大大下降，易因浇口冷凝过慢而引起倒流，在制件中形成真空泡。故一般内浇口的厚度取 0.8 ～ 1.2 mm（图 2－24），实际生产中浇口的厚度取值偏小，试模后，再根据实际情况看是否需要加大，这样便于修模。

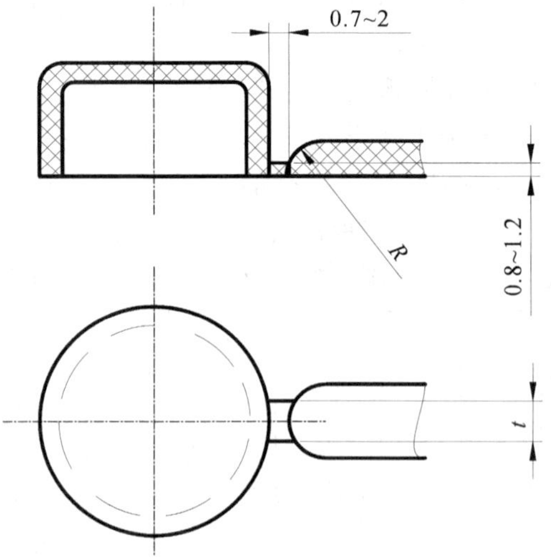

图 2－24　内浇口尺寸

(2) 内浇口的宽度（图 2－24 中的 t）。内浇口的宽度对熔体进入型腔的流态也有很大影响，选择合适的浇口宽度有利于排出型腔内的气体，使进入型腔的熔体流动平稳。内浇口的宽度一般取其厚度的 3 ～ 10 倍，对于特大或长条状制件，内浇口的宽度应视具体情况而定，这将在内浇口的形式中详细介绍。

(3) 内浇口的长度。内浇口的长度一般取 0.7 ～ 2 mm（图 2－24），过长会使浇口过早冷凝，影响注射压力的正常传递，形成制件表面云纹或浇不足等缺陷；过短去除浇口困难，甚至会损伤制件。实际生产中浇口的长度一般取的偏长，以便于试模后修模容易。

2. 内浇口的形式

(1) 侧浇口。侧浇口适用于任何形状、高度不是很高的制件，而且可根据制件的结构特点任意选择和调整浇口的位置、形状和大小，因此被广泛采用。

侧浇口一般设计在分型面上，是一种最常用且最典型的浇口形式（图 2－24）。它有如下优点：

1）侧浇口截面积通常比较小，熔体进入型腔时在高剪切速率和强摩擦作用下温度再次提高，流动性好，便于成型。

2）浇口设在分型面上，浇口截面形状简单，易于加工，可随时调整浇口位置和大小，在一模多腔中易达到各型腔的浇注平衡，且易取出浇注系统凝料而不损伤制件。

3）可根据制件的形状特点灵活多样地选择浇口位置。

4）可成型一模多腔，提高生产效率。

但侧浇口有拐角流程长，压力和热量损失大，容易形成熔接痕、缩孔、气泡等缺陷。为了解决这些问题，可采取以下措施：

1）对于截面为圆环形的制件，当一模多腔时，可采用图 2-25(a)，(b) 所示的侧浇口形式，在流体会流处或最后到达的位置设有冷料穴，可有效地解决熔接痕、气泡等缺陷。当制件较大时，可采用图 2-25(c) 所示的浇口形式，此形式为内侧浇口，它不但解决了熔接痕、气泡等缺陷，还使模具结构紧凑，体积小，加工成本低。

2）对于长条形盖类或筒类制件，一般一模两腔，采用扇形侧浇口，并在流体会流处设置冷料穴，可有效地解决熔接痕、气泡等缺陷，如图 2-25(d) 所示。

3）对于大型空心矩形制件，可采用图 2-25(e) 所示的内扇形侧浇口形式，不但解决了熔接痕、气泡等缺陷，还使模具结构紧凑，体积小，加工成本低，可大大提高生产效率。

4）对于薄板长条状制件，可采用图 2-25(f) 所示的平缝式侧浇口，熔体通过平缝式浇口时，以较低的速度，呈平行状态，平稳均匀地流入型腔内，降低了制件的内应力，减少了因分子取向而产生的翘曲变形，但平缝式侧浇口浇口取除困难，浇口遗留痕迹大，影响制件外观质量。

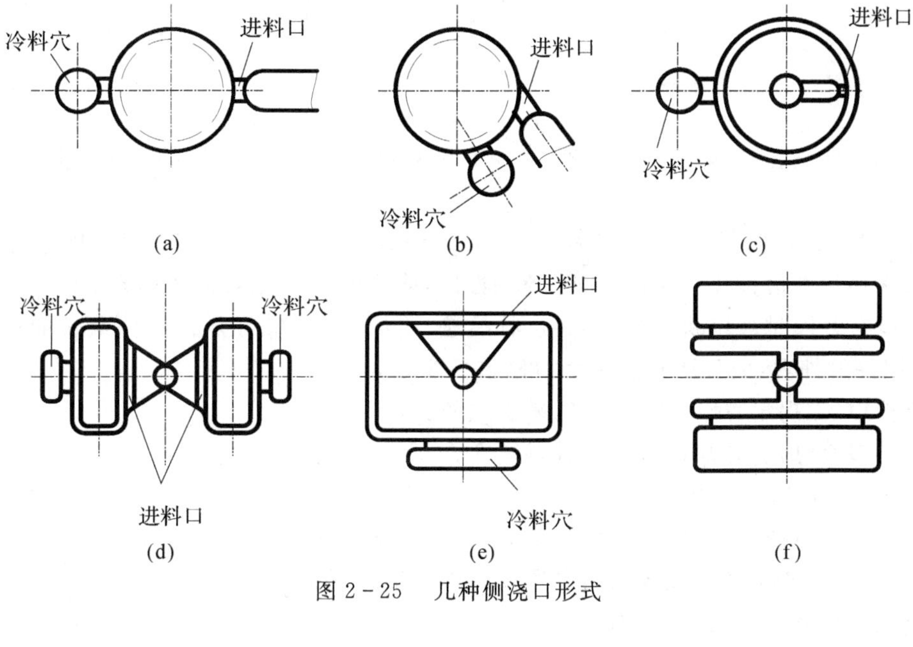

图 2-25　几种侧浇口形式

(2) 直接浇口。直接浇口如图 2-26 所示，设计时，为了防止冷料进入型腔，在不影响制件使用的情况下，在浇口对侧应设计一不明显的冷料穴，浇口长度尽量短，浇口的大端直径也应尽量小，一般 $D \leqslant 2t$。它具有以下优缺点：

优点：

1）浇口截面积较大，流动阻力小。

2）模具结构简单紧凑，流动渠道短，便于加工。

3）保压补压作用强，易于成型完整的制件。

4）有利于排气及消除熔接痕。

缺点：

1）除去浇口凝料困难，制件上有明显的浇口痕迹。

2）浇口附近熔料冷却较慢，延长注射成型周期，影响生产效率。

直接浇口的位置一般在模具中心，只适用于单腔的大型、深腔、壁较厚或聚碳酸脂、聚砜等高黏度、流动性差的壳类制件，且上表面表面质量要求不高。

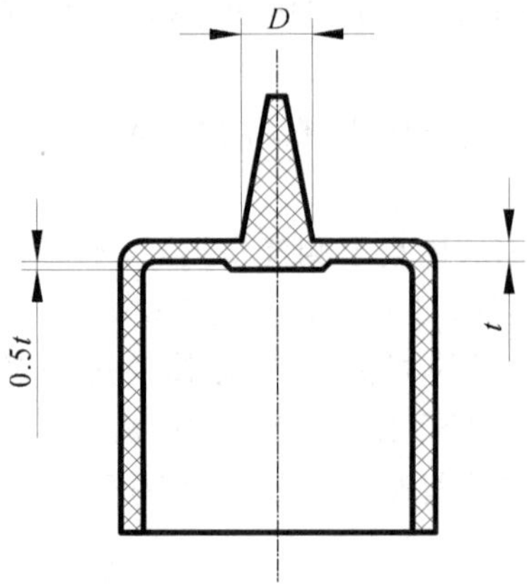

图 2-26 直接浇口

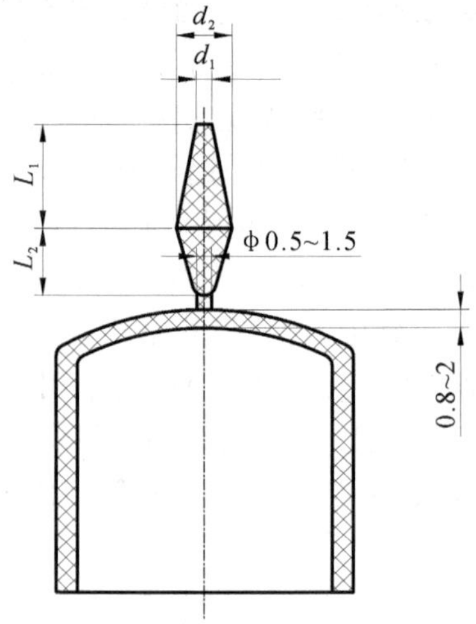

图 2-27 点浇口

(3) 点浇口。点浇口如图 2-27 所示，又称针状浇口，是比较常用的一种浇口形式。它有如下优点：

1）由于浇口的截面积很小，一般为0.5～1.5 mm，当熔体通过时，有很高的剪切速率和强烈的摩擦，使熔体温度稍有升高，黏度降低，流动性好，从而获得外观清晰、表面光洁的制件。

2）浇口在开模时被拉断，留下小圆点状痕迹，不明显，浇口可开在制件上表面任何位置，并不影响制件的外观，而且还省去了浇口修整工序。

3）流程短，无拐角，排气条件又好，易于成型。

4）一模多腔时，能均衡各型腔的进料速度。

但点浇口也有如下缺点：

1）由于点浇口截面积很小，充模时阻力大，对于表观黏度对剪切速率不敏感及熔融黏度高的制料（如聚碳酸脂、聚砜等）来说会形成充填不足的现象。

2）点浇口冷凝快，不利于补缩。

3）采用点浇口时，模具需两次开型，才能取出浇注系统，生产效率低，且模具结构复杂，制造成本高。

点浇口的尺寸确定如图 2-27 所示，L_1 与 L_2 在可能情况下应尽量短，一般 $L_2=2/3L_1$，对于薄壁制件，可设计成如图 2-28(a) 所示的形式，一是防止开模时拉损制件；二是由于点浇口附近剪切速率高，分子高度取向，局部应力增大，可能会产生小裂纹。当塑件较大或一模多腔时可采用多点进料如图 2-28(b) 所示。图中 $d=3/4D$，$H=2/3D$，一般设计时 D、d 取值宁小勿大，以便于试模后修模。

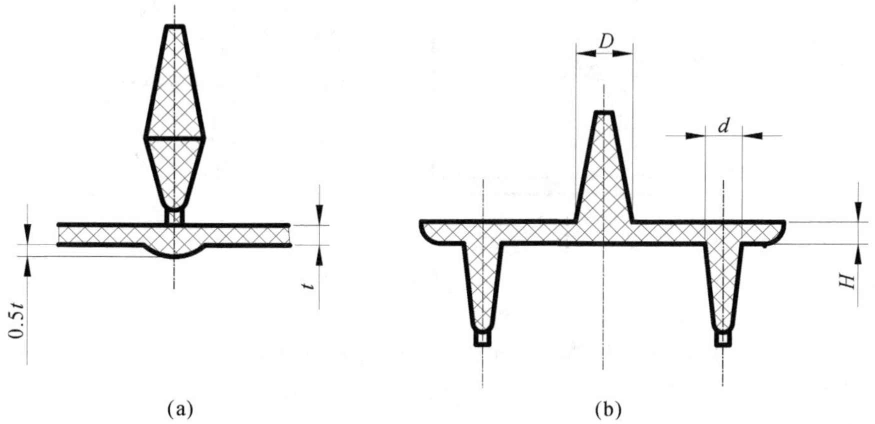

图 2-28　点浇口形式

点浇口适用于大型、深腔、薄壁、表面有精细花纹或表面质量要求很高的制件。

(4) 盘形浇口。对于大型、深腔、薄壁、筒类制件，直接浇口和点浇口都不能使用，可使用盘形浇口，其形状及浇口尺寸如图 2-29 所示。盘形浇口具有直接浇口所有的优点，而且克服了直接浇口除去浇口凝料困难，制件上有明显的浇口痕迹，浇口附近熔料冷却较慢，易形成缩陷等缺点。但盘形浇口与型腔易形成密封空间，在制件脱模时，内部可能会形成真空状态，阻碍脱模，甚至会引起制件变形或损坏，因此要在型芯上开设进气阀或进气通道。盘形浇口只适用于一模一腔。

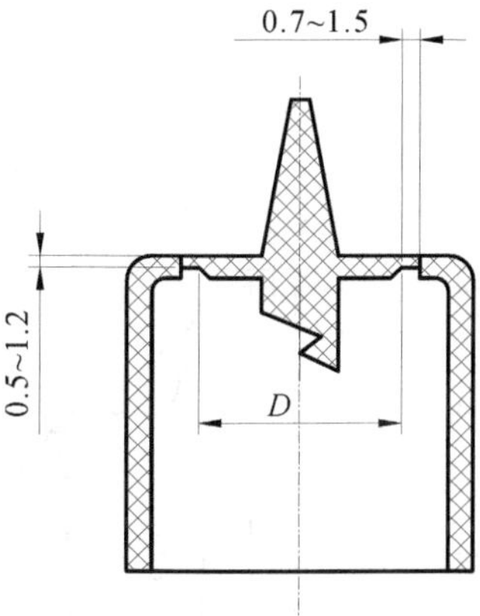

图 2-29　盘形浇口

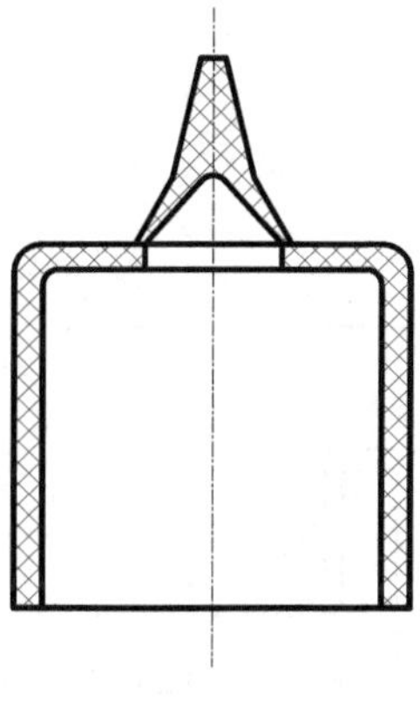

图 2-30　分流式浇口

(5) 分流式浇口。对于大型、深腔、薄壁、筒类制件，而制件上的通孔较小时，可采用分流式浇口，如图 2-30 所示。它的特点与盘形浇口相似，也只适用于一模一腔。

(6) 轮辐式浇口。轮辐式浇口是盘形浇口的变异形式，它的结构形式及浇口尺寸如图 2-31 所示，它浇口小，浇口凝料易去除，特别是在大型制件中比盘形浇口的塑料用量要少，同时还克服了盘形浇口因形成真空，制件难于脱模的问题。但轮辐式浇口是多点进料，制件易形成熔接痕或拼合缝，从而影响制件的强度。

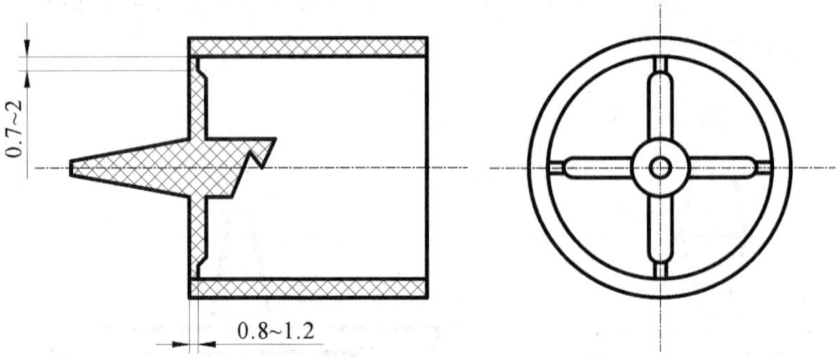

图 2-31 轮辐式浇口

(7) 爪形浇口。爪形浇口是分流式浇口和轮辐式浇口的变异形式，它在型芯头部的圆锥体或在主浇道的内壁上均匀开设几处浇口，其结构形式如图 2-32 所示。它具有分流式浇口和轮辐式浇口共有的优缺点。

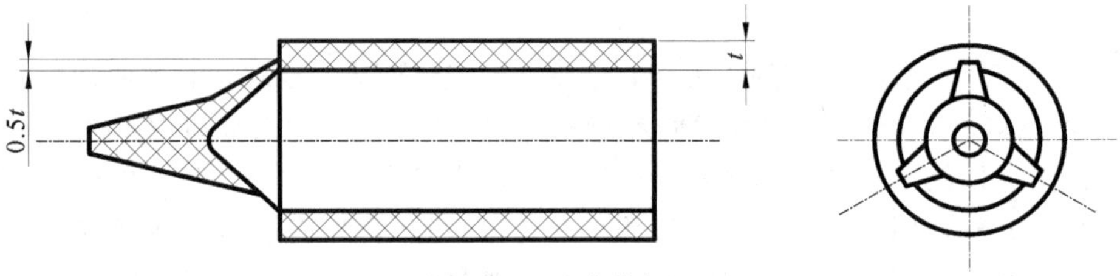

图 2-32 爪形浇口

(8) 潜伏式浇口。潜伏式浇口有切拉式和推切式两种，如图 2-33 和图 2-34 所示。

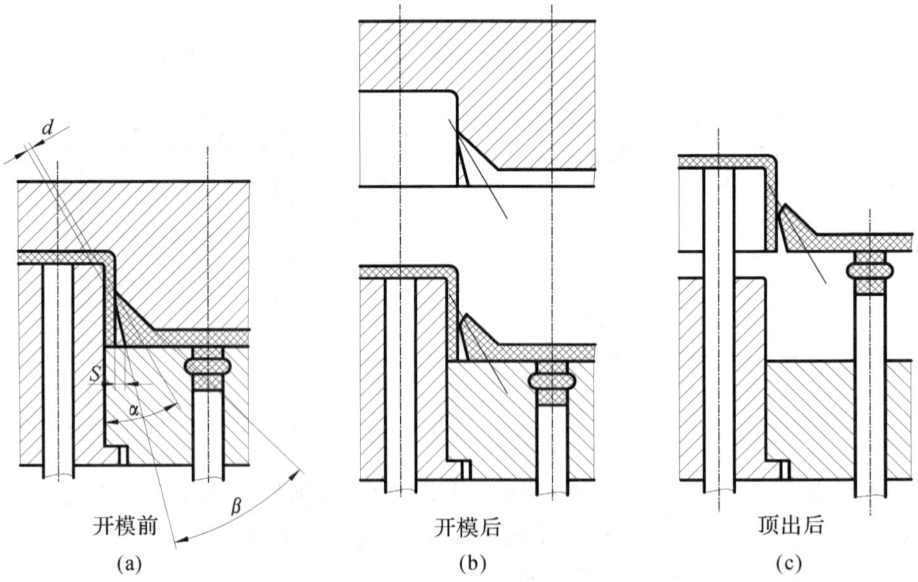

图 2-33 切拉式潜伏式浇口的结构形式

切拉式浇口是在开模时,制件由于包紧力的存在停留在动模,分浇道和浇口也由于拉料杆而钩在动模,制件和浇口被浇口下的定模尖状体切割开而从定模中脱出,如图 2-33(b) 所示,开模后,制件和浇注系统再一同从动模推出,如图 2-33(c) 所示。

推切式浇口在开模时,制件、浇注系统留在动模,如图 2-34(b) 所示,开模后,制件和浇注系统在推出力的作用下强制推出时将制件与浇注系统分离,如图 2-34(c) 所示。

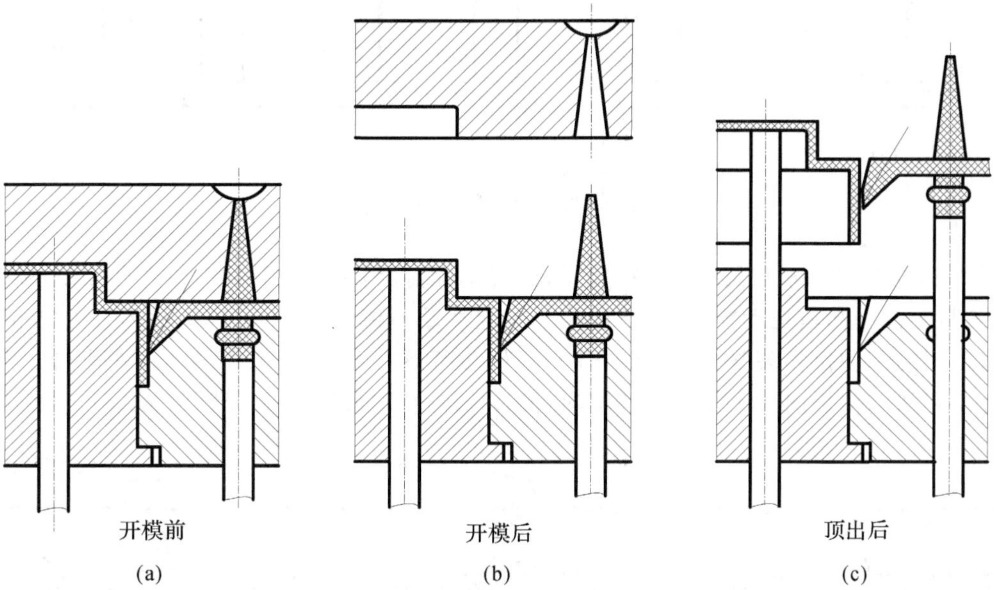

图 2-34　推切式潜伏式浇口的结构形式

由此可知,潜伏式浇口是点浇口的演变形式,它除了具有点浇口的优点外,还有如下优点:

1) 潜伏式浇口可开设在制件的任何位置,由于浇口的断面尺寸较小,因此去除浇口时不易损伤制件。

2) 浇口在开模时依靠强制脱模可使浇口与制件自动脱离,省去后道取浇口工序,生产效率高。

3) 采用点浇口时,模具需两次开型,才能取出浇注系统,生产效率低,且模具结构复杂,制造成本高。而潜伏式浇口只需一次开型,就可取出浇注系统,模具结构简单,制造成本低。

4) 潜伏式浇口虽然用一般的加工方法加工不便,但如果用专用铣刀加工会很方便。

由于潜伏式浇口在开模时依靠强制脱模使浇口与制件自动脱离,因此需要制件材料的弹性较好,否则,浇口与制件自动脱离时,一是可能损伤制件,二是可能使浇口堵塞浇注通道。

潜伏式浇口的相关尺寸如图 2-33(a) 所示,$\alpha=30°\sim40°$,$\beta=10°\sim25°$,$d=0.8\sim2$ mm,$S=2\sim3$ mm。α 尽可能取小值,以便于开模(切拉式)或脱模(推切式)。

(四) 拉料装置设计

(1) 拉料装置的作用是在开模时将浇注系统的凝料拉住,使其与制件一起留在动模,或者在点浇口形式的浇注系统中将点浇口凝料拉住,使其与制件强制分离。

(2) 拉料装置的类型及应用。

拉料杆的类型如图 2-35 所示。

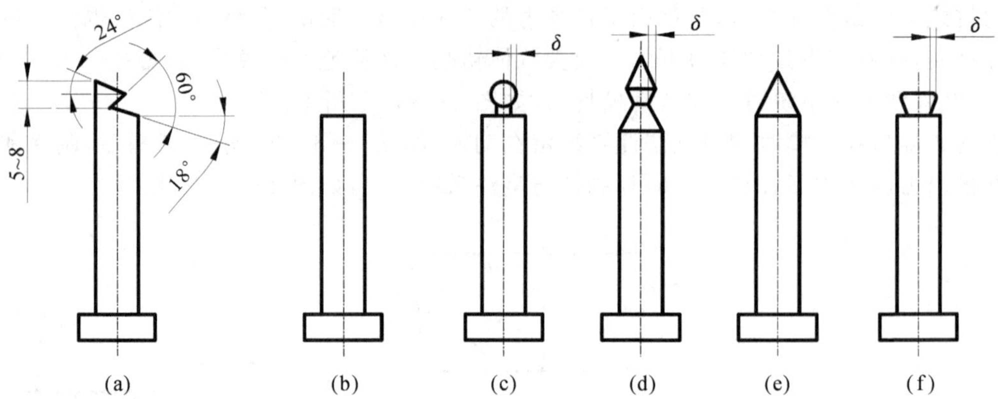

图 2-35 拉料装置的类型

图2-35(a),(b)称为顶杆式拉料装置,也就是说,拉料装置在开模时将浇注系统的凝料拉住,使其与制件一起留在动模,然后再同制件一起从动模顶出,图2-35(a)称为Z型拉料装置,这是最常用的一种拉料装置,凝料与制件一起从动模顶出后,必须侧向移动才能取出。当凝料与制件一起从动模顶出后不能侧向移动时(图 2-36(a)),可用图 2-36(b) 或(c)。

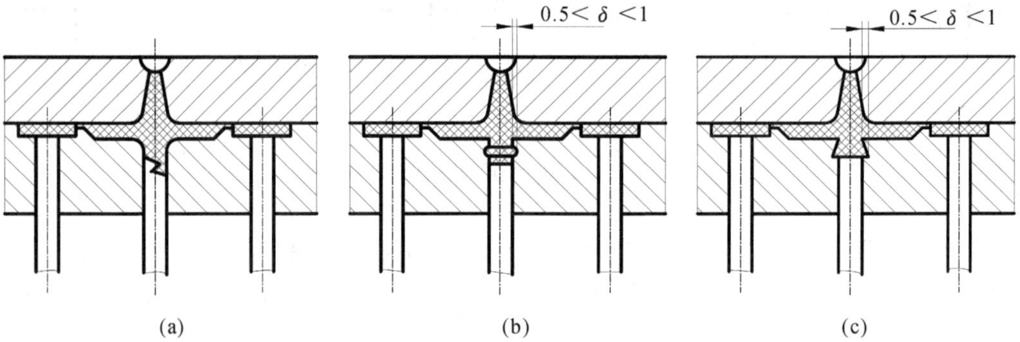

图 2-36 推出式或浇道拉料装置

图 2-37 称为推出式或浇道拉料杆,一般用在推板顶出机构中或点浇口中。

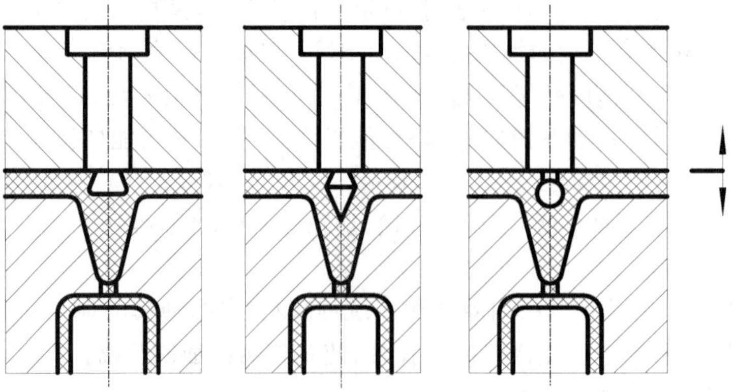

图 2-37 点浇口中的拉料装置

（五）浇注平衡

当内浇口为侧浇口时，对于中小型制件，常采用一模多腔，一模多腔各型腔共用一个主浇道，从分浇道分流，一模多腔时型腔的数量及布局很关键，合理的型腔的数量及布局不仅可提高制件质量，还可使制件成本降低。型腔的布局有平衡式和非平衡式。

1. 平衡式布局

平衡式布局的特点是各制件的分浇道和内浇口形状和尺寸大小完全相同，各型腔能达到同时进料，同时注射完毕，同时凝固完毕，各制件的质量大致相同。

平衡式布局如图 2-38 所示。

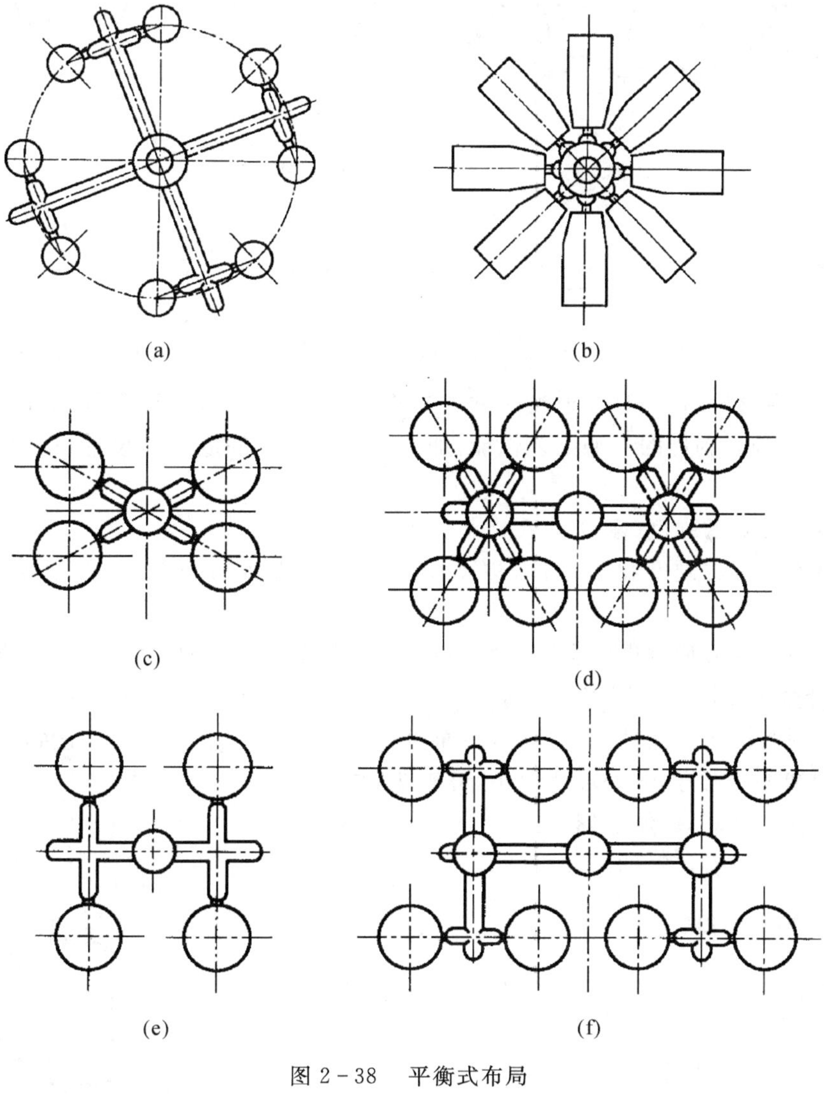

图 2-38　平衡式布局

2. 非平衡式布局

非平衡式布局如图 2-39 所示。非平衡式布局由于熔体到达各型腔的流程不等，因此为了使各型腔均衡地同时充满，各型腔内浇口的尺寸必须不同，一般靠近主浇道的型腔内浇口断面尺寸小于离主浇道较远的型腔内浇口断面尺寸；靠近主浇道的型腔内浇口长度大于离主浇道较远的型腔内浇口长度。实际生产中，非平衡式布局内浇口长度取值较大，而内浇口断面尺寸取值较小，以便在试模过程中不断调整内浇口尺寸使各型腔均衡地同时充满。

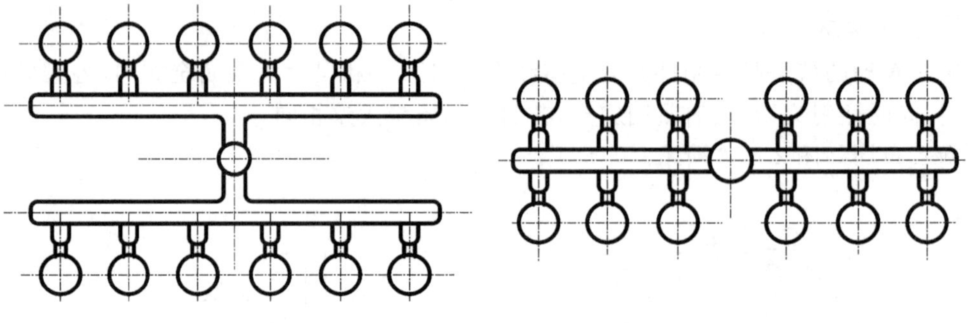

(a)　　(b)

图 2－39　非平衡式布局

2.4　成型零件设计

成型零件是注射模结构中非常重要的组成部分之一，注射模的成型零件主要由动模、静模、型芯、镶块、活块等组成，是注射模非常重要的组成部分之一，成型零件部分结构设计的是否合理直接会影响到制件的成型工艺性能，加工工艺及模具的成本。设计成型零件时应满足以下要求：

(1) 应具有足够的强度、刚度以承受成型高压流体的压力。

(2) 应具有足够的硬度和耐磨性，以承受成型高压流体的摩擦，一般硬度应达到 40～50HRC。

(3) 对于一些在成型过程中会产生腐蚀性的材料(如 PVC、POM、PF 等)，模具材料应选择耐腐蚀的合金钢或对其进行表面处理。

(4) 模具材料的抛旋光性能和良好，表面粗糙度应在 0.4 以下，甚至要达到镜面。

(5) 切削加工性能好，热处理变形小，可淬性良好。

(6) 熔焊性能良好，以便于修模。

(7) 成型型腔应有足够的尺寸精度。

一、动、静型腔模设计

动、静模型腔形成制件的外形，一般有两种形式，整体式和组合式。

1. 整体式型腔模设计

整体式型腔模如图 2－40 所示，它加工简单，强度和刚度高，制件外观质量好，但模具成本高，热处理和表面处理困难，适用于形状较为简单的中小型模具。

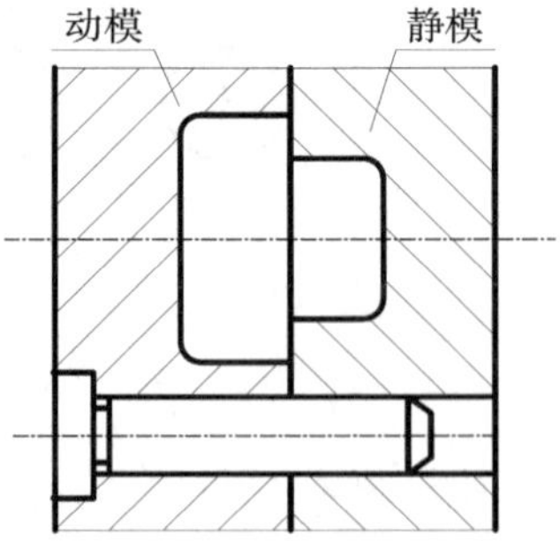

图 2－40　整体式型腔模

2. 组合式型腔模设计

组合式型腔模由型腔模套入套板中组成，型腔模和套板的材料可以相同也可以不同，组合形式如图 2-41 所示。

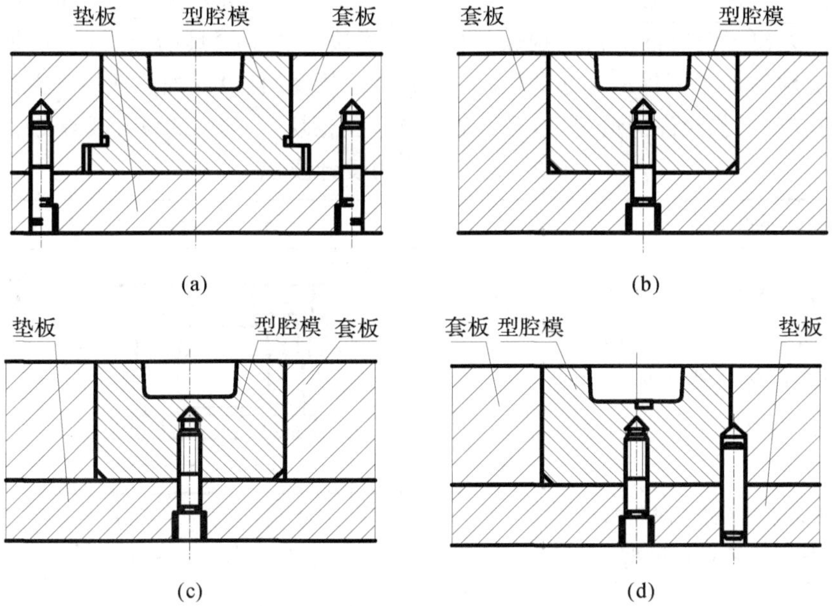

图 2-41　型腔模和套板的组合形式

图 2-41(a) 是最常用的一种形式，型腔模做成凸肩式，从背后镶入到套板中，然后用压板从背后压紧，以防止在成型过程中型腔模在高压下后退。这种形式加工简单，易于保证配合精度。图 2-41(b) 是把套板做成盲孔，将型腔模从前面镶入到套板中，然后用螺钉从背后紧固，防止开模过程中型腔模从套板中拔脱。图 2-41(c) 是把套板做成通孔，将型腔模镶入到套板中，然后用压板从背后压紧，再用螺钉从背后紧固，以防止在成型过程中型腔模在高压下后退和开模过程中型腔模从套板中拔脱。这种形式加工最简单，配合精度易于保证，但高度方向的精度不易保证。图 2-41(d) 是在型腔模为圆柱体的情况下，为了防止装配时的错位而要设计止转销。

组合式型腔模当型腔模和套板的材料不同时，不但加工简单，热处理和表面处理简单、方便，而且能大大降低模具成本。

组合式型腔模设计时型腔模和套板高度方向的配合公差如图 2-42 所示，这样才能保证动、静型腔模分型面紧密切合，从而保证制件高度方向的精度。

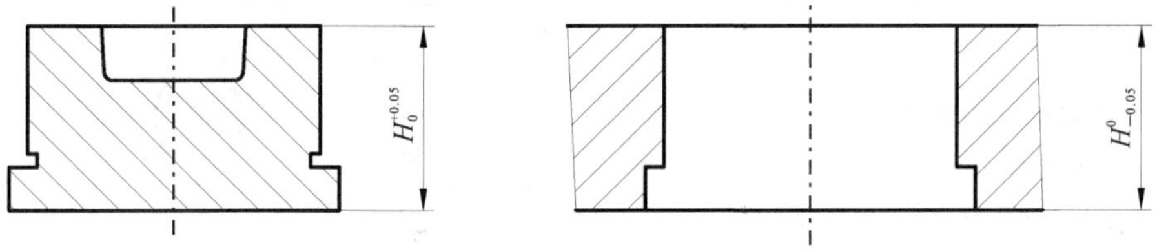

图 2-42　型腔模和套板高度配合公差

二、镶块的设计

在动、静型腔模的设计中，型腔部分可采用镶块拼合而成，其目的是为了简化加工工艺，减少热处理时的变形，或者为了满足某些成型工艺的要求（如排气性等），或者为了便于模具的修理与更换，不致因一处损坏而使整个模具报废。但采用镶块增加了模具的配合面，使加工工作量增加，镶块拼合缝隙增加了制件的毛边，影响制件的尺寸精度，且设置加热或冷却系统困难，因此，在加工条件或成型工艺允许的情况下，尽可能不要采用镶块。镶块的设计要点如表 2－5 所示。

表 2－5　镶块的设计要点

设计要点	图　　例
简化加工工艺，提高制件深腔的排气性，改善成型工艺，并能使制件的毛边方向与开模方向相同，便于脱模	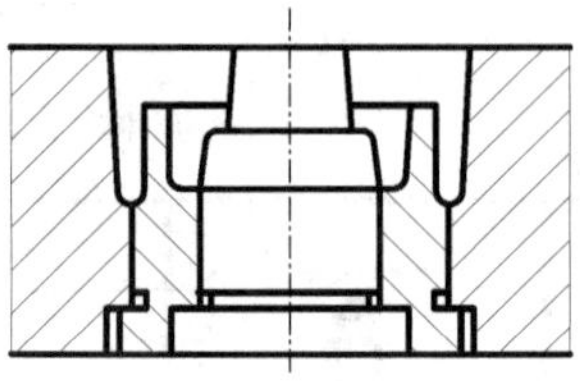
简化加工工艺，提高制件深腔的排气性，改善成型工艺，并能使制件的毛边方向与开模方向相同，便于脱模。图(a)用在有压板的情况下，图(b)用在无压板的情况下	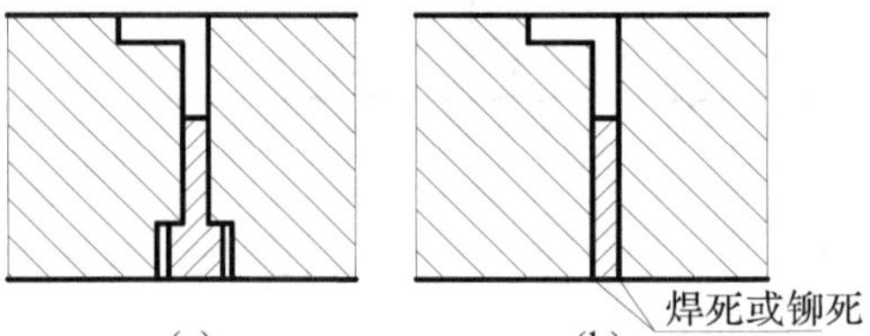 (a)　(b)
简化加工工艺，并能使制件的毛边方向与开模方向相同，便于脱模	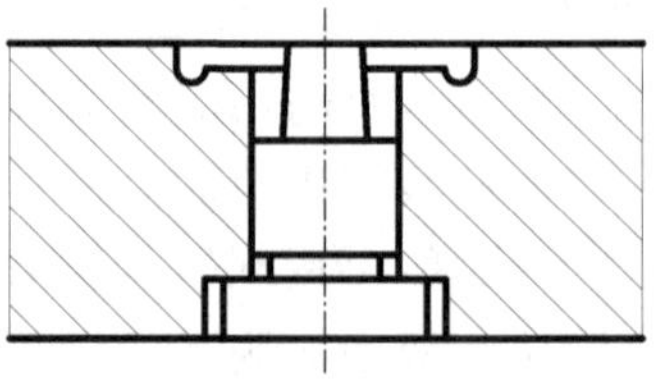
制件上有键槽时镶块的镶拼方法，加工工艺简单	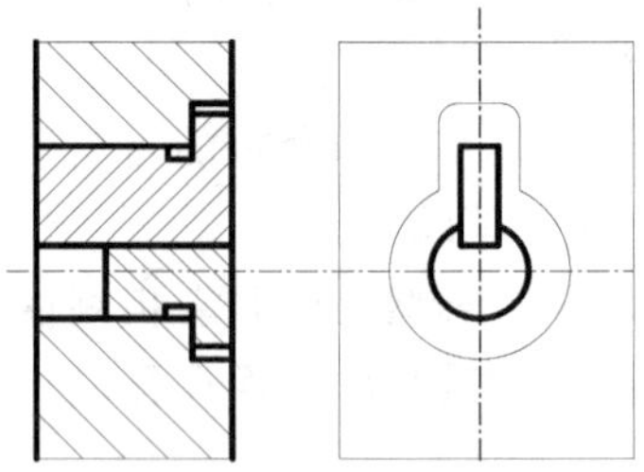
当两处型腔相距较近时，为了保证模具有足够的强度，可将较深的做成镶块，而浅的可不做出	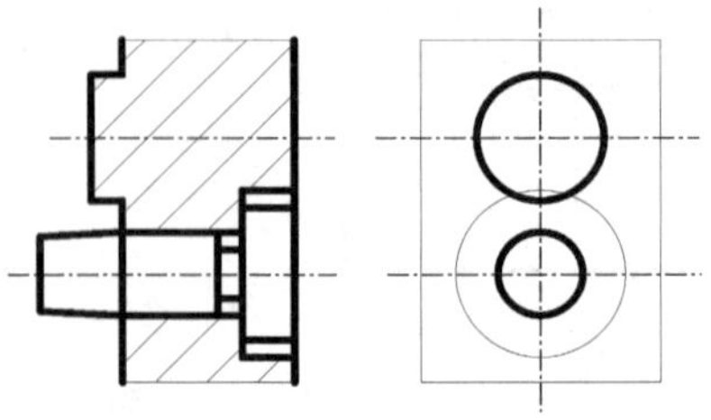

续 表

设计要点	图　　例
补全镶拼形式，加工工艺简单	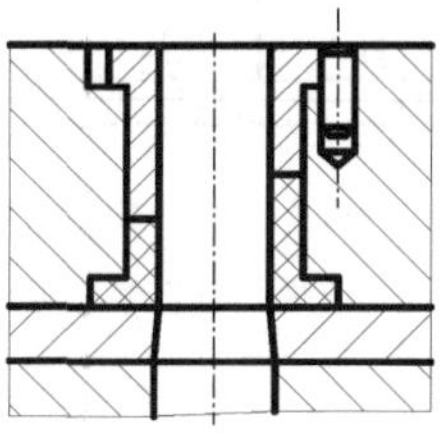
当制件外形有较浅的凹槽时，可做成如图的镶拼形式，加工工艺简单，用强制脱模取出制件	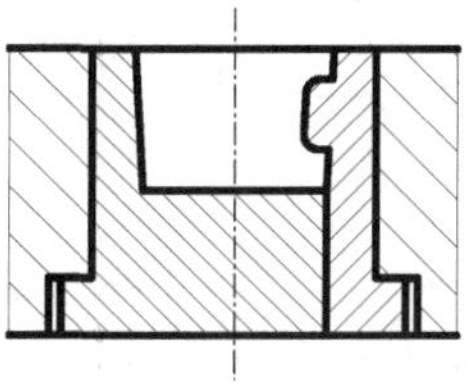
窄而深的型腔可做成如图的镶拼形式，不但加工工艺简单，而且可提高制件深腔的排气性，大大改善制件的成型工艺性	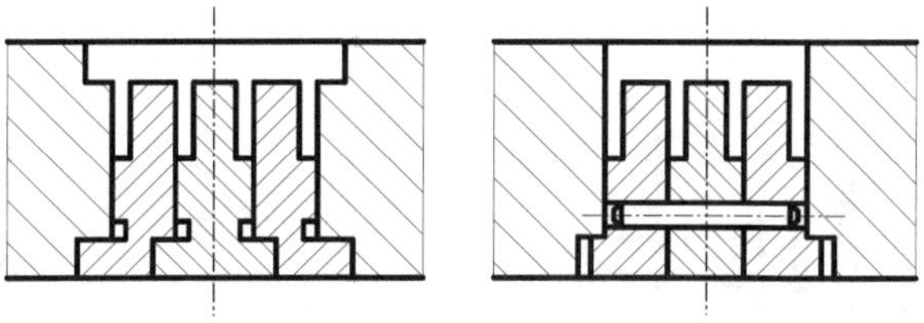 (a)　(b)
外齿轮成型的镶拼形式，成型外齿轮的镶块形状可用插齿机或电火花加工，用螺钉固定在模板上，加工工艺简单，精度高	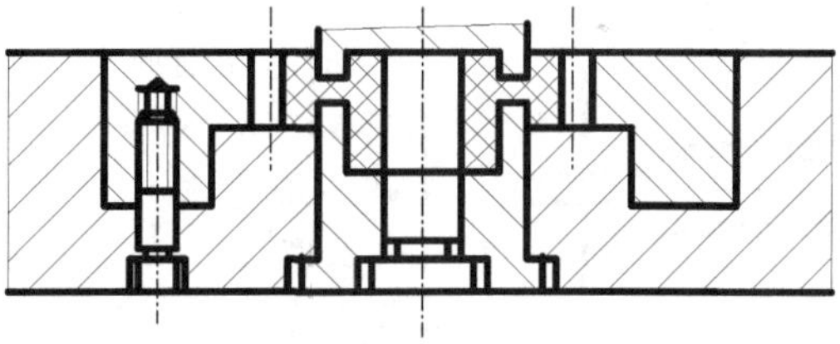

镶块与模板或镶块与镶块之间的配合一般按 H7/n6 或要求改善排气性能的部位按 H7/f7。

三、型芯的设计

型芯形成制件上的孔，凝固后因收缩而被制件紧紧的包围，因此要有一定的拔模斜度，表面粗糙度应在 0.4 以下。

型芯形式各种各样，一般情况下是一孔一芯，如图 2-43(a) 所示，一些形状复杂的孔，需要几个型芯拼合而成，如图 2-43(b) 所示。

型芯的设计关键在于型芯的固定及固定部分的长度，型芯与型芯的镶拼方式。

1. 型芯的固定方式

(1) 小型芯的固定。小型芯的固定如表 2-6 所示。

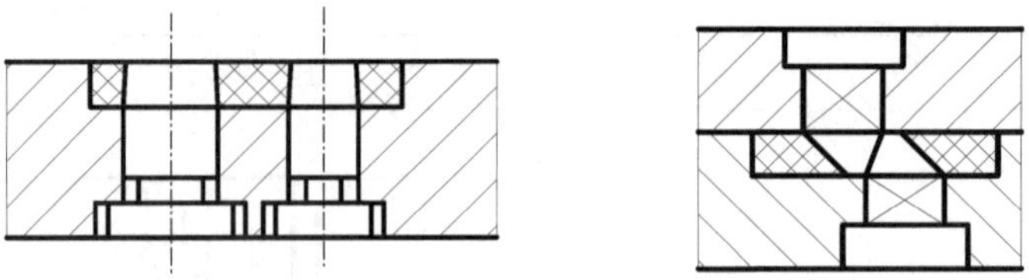

(a) (b)

图 2-43　型芯形式

表 2-6　小型芯的固定方法

固定方法	应用特点	固定方法	应用特点
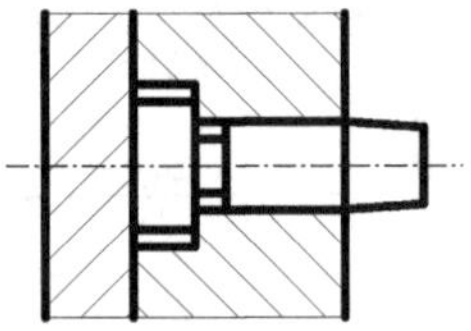	小型芯常用的固定方法	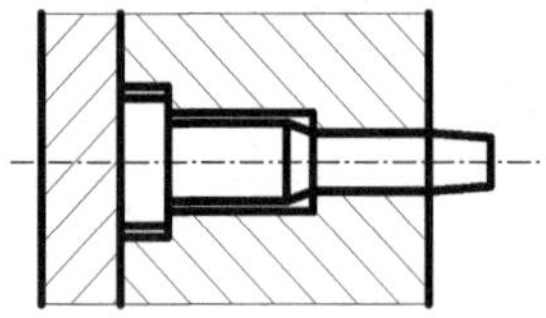	模板较厚时，减小型芯的配合长度
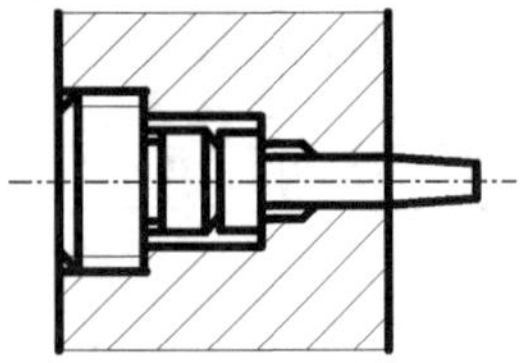	模板较厚时，可省去压板	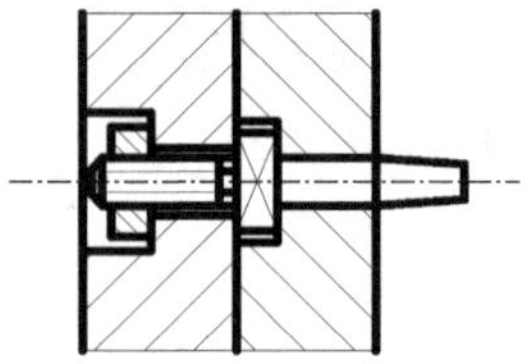	用于推板脱模机构，与推板配合使用
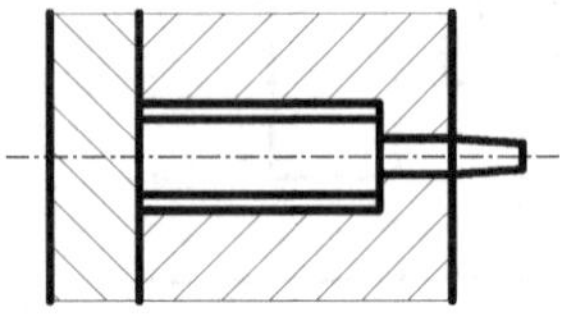	型芯很细而模板较厚时，可减小细小部分的长度，简化加工工艺	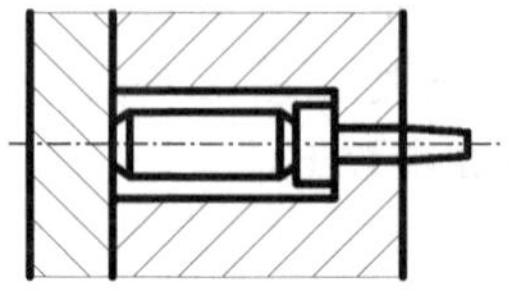	型芯很细而模板较厚时，可减小型芯的长度
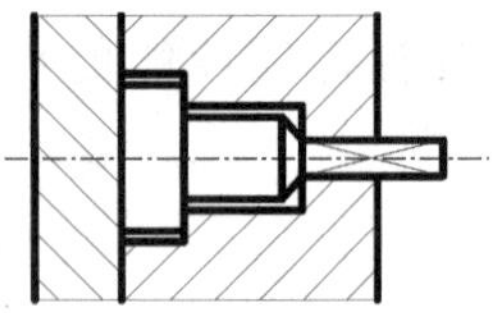	用于截面不规则的细小型芯	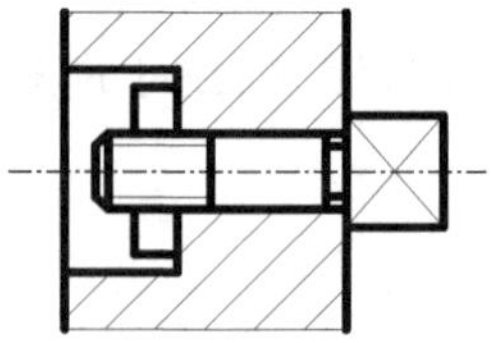	用于截面不规则的型芯
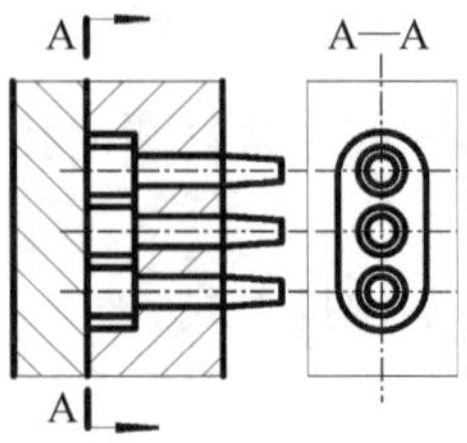	用于多个型芯相距较近时	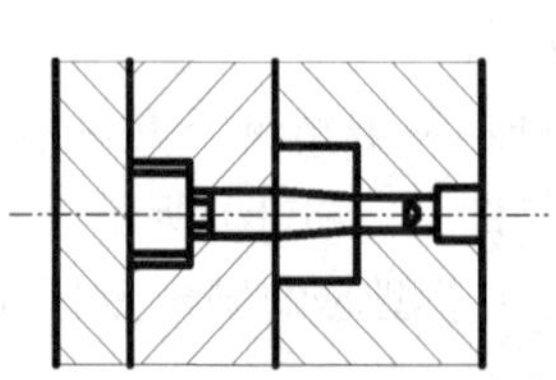	成型小直径的通孔时，可防止型芯受流体的冲击而变形

(2) 大型芯的固定。截面为圆形的大型芯的固定与最常用的圆形小型芯的固定方法相同,截面为异形的大型芯的固定方法如图 2-44 所示。

图 2-44(a) 用于截面形状简单的大型芯且固定板的厚度较薄时,配合孔可用线切割加工而成,加工工艺简单;图 2-44(b) 用于截面形状简单、配合面易于加工、固定板的厚度较厚时;图 2-44(c) 用于截面形状复杂,固定板的厚度较薄时,配合孔可用线切割加工而成,加工工艺简单;图 2-44(d) 用于制件的外表面和内表面有平行度或同心度要求时,动、静模采用组合加工,精度易于保证,且加工工艺简单;图 2-44(e) 用于截面形状很复杂、大型型芯的固定,固定部分的截面形状设计成圆形,用螺钉和圆柱销与压板固定在一起,大大简化加工工艺。

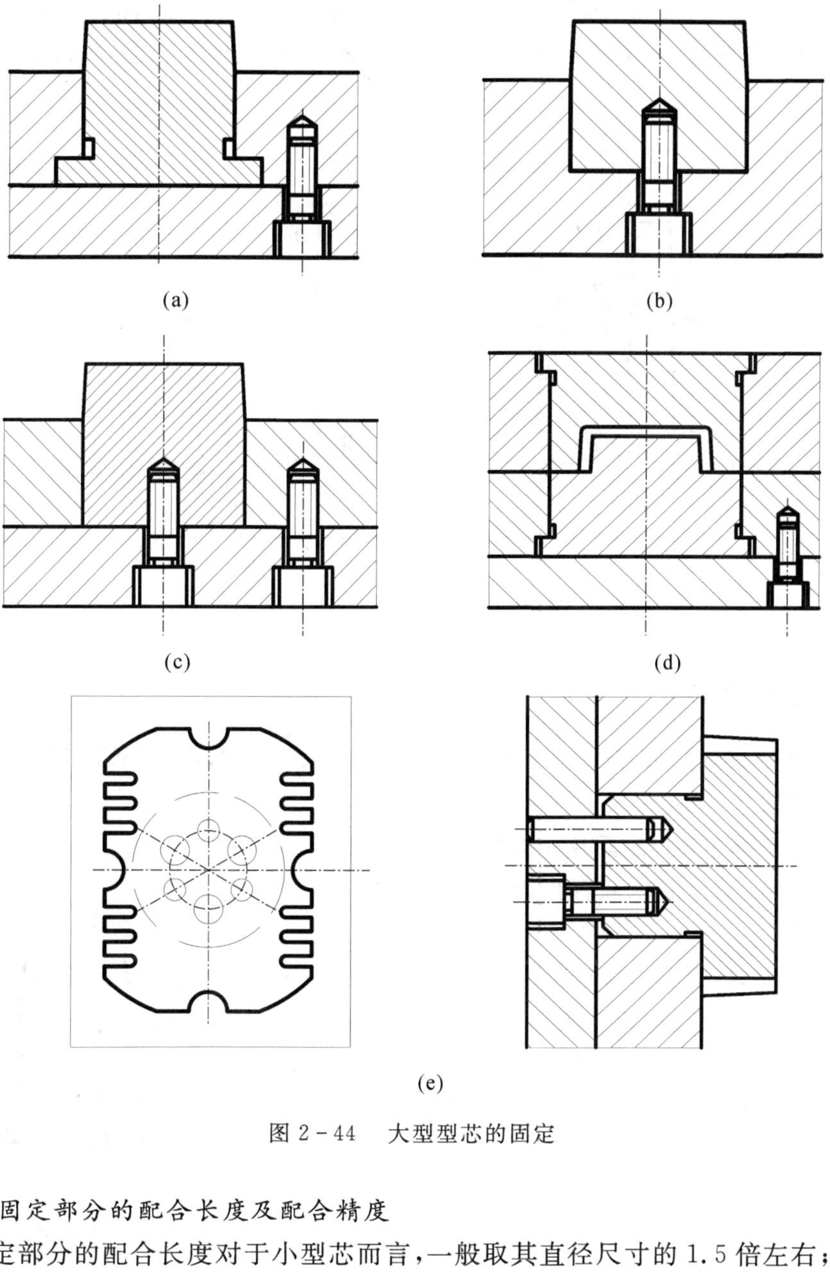

图 2-44　大型型芯的固定

2. 型芯固定部分的配合长度及配合精度

型芯固定部分的配合长度对于小型芯而言,一般取其直径尺寸的 1.5 倍左右;对于较大截面的型芯，配合长度与其截面较长的长度相近即可；对于特大截面的型芯，固定部分的配合长度要通过计算来确定。型芯与模板之间的配合精度按 H7/n6。

3. 型芯与型芯的镶拼

对于某些具有较大而较复杂内腔或特大、特复杂内腔的制件，如果用整体的一个型芯来完成，会给加工工艺或者成型工艺带来困难，为了改善成型工艺，简化加工工艺，往往用好几个型芯镶拼成一个型芯镶入模板，如图 2-45 所示。图中制件的 A 处在型芯上是薄壁深腔处，若设计成整体型芯不合理处一是加工难度大，二是成型时易产生憋气现象，用型芯 1 和型芯 2 组合起来不但易加工，而且排气效果好。制件的 B、C 处在型芯上不易加工，用型芯 2 和型芯 3 组合起来可简化加工工艺，改善成型工艺性。D 处在大型芯上是个细小的深孔，不易加工，且精度难于保证，成型工艺性差，用型芯 4 和型芯 2 组合起来，可简化加工工艺，改善成型工艺性。

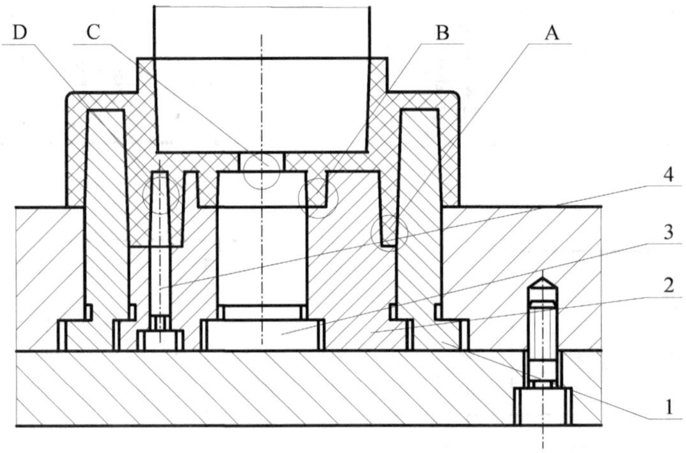

图 2-45 型芯与型芯的镶拼

四、螺纹成型零件设计

当制件上要求有螺纹形状时，不管是内螺纹还是外螺纹，有以下三种成型方法：

(1) 模塑成型。

(2) 需要经常拆卸的螺纹采用螺纹镶嵌件。

(3) 硬性塑料、精度要求较高的螺纹采用机械加工成型，但很少采用。

当模塑成型时，内螺纹由螺纹型芯成型，外螺纹由螺纹型环成型。模塑成型螺纹也可分为三种情况：

(1) 对于软性材料制件上螺距很浅或呈断续状的螺纹，经过计算，符合强制顶出条件时，可采用强制脱模来实现。如图 2-46 所示。

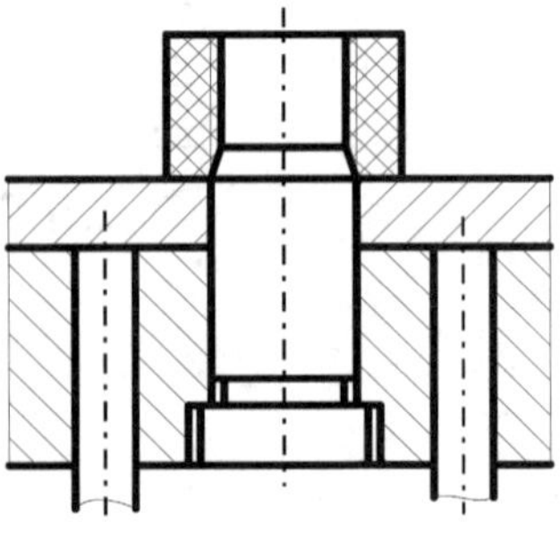

图 2-46 螺纹型芯强制脱模

（2）当不能用强制脱模来实现时，可将螺纹型芯或型环设计成活块，脱模时螺纹型芯或型环和制件一起从型腔取出，然后再从制件上将其拧下。模具结构简单，螺纹精度易于保证，被广泛使用，但螺纹型芯或型环需做好几副，以便交替循环使用，当生产批量较大时，不宜采用。螺纹型芯或型环设计如图 2-47 所示。图 2-47(a) 为螺纹型环的设计；图 2-47(b) 一般用于立式注射模上的螺纹型芯；图 2-47(c) ～ (g) 是常用的几种螺纹型芯的设计，这几种形式螺纹型芯的固定牢固、可靠，图 2-47(c)、(d)、(e)、(f) 一般用于较小螺纹型芯的固定，当螺纹型芯较大时采用图 2-47(g) 的形式可防止螺纹型芯的脱落。

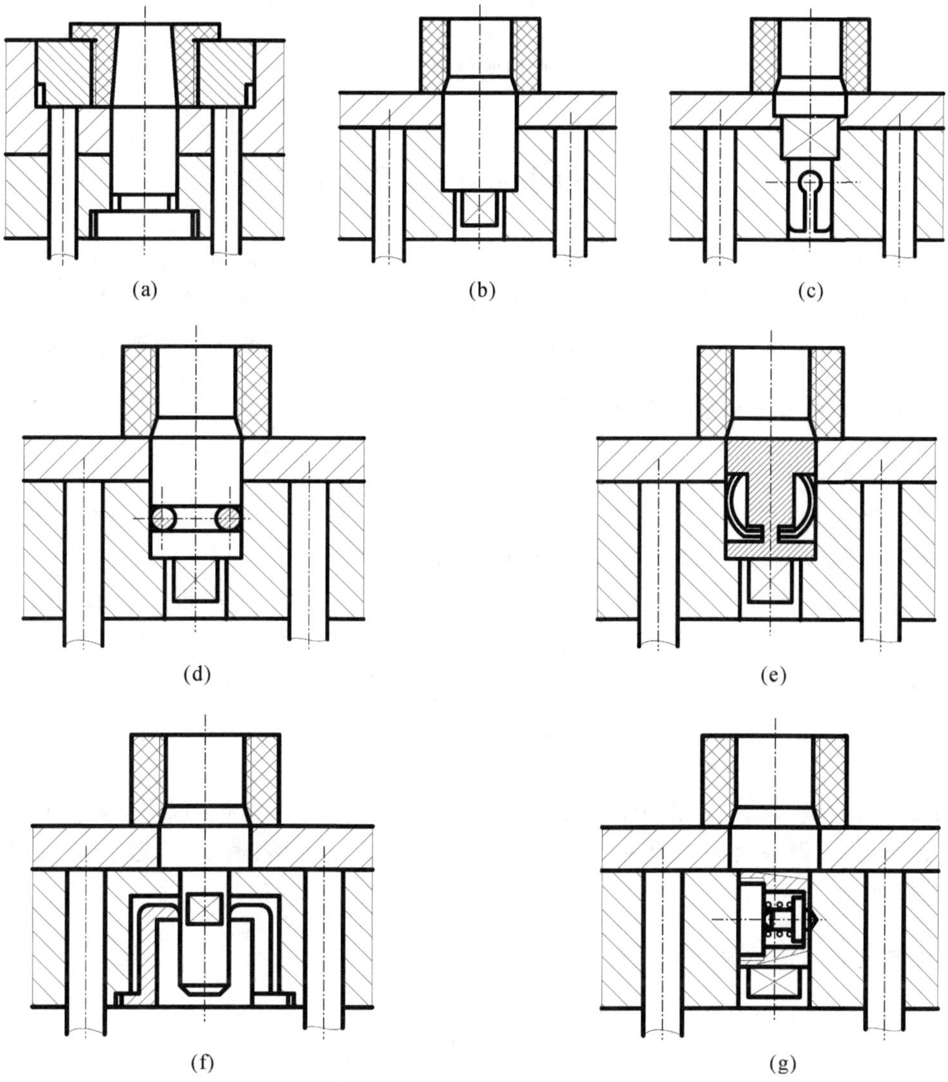

图 2-47　活块螺纹型芯

（3）当螺纹精度要求不高、生产批量较大时，螺纹采用侧抽芯机构来实现，如图 2-48 所示。关于螺纹侧抽芯机构将在侧抽芯机构的设计中详细介绍。

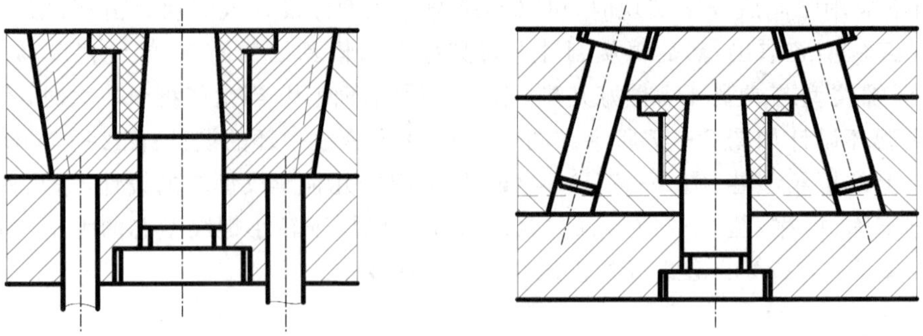

图 2-48 侧抽芯机构完成螺纹成型

2.5 导向与定位机构设计

导向装置是注射模结构中非常重要的组成部分之一，注射模的导向装置有导柱或导杆导向装置和锥面定位导向装置之分，导柱或导杆导向装置用于动、静模之间开合模过程中的准确定位和脱模机构的准确、平稳导向；锥面定位导向装置用于动、静模之间的精密准确定位。

一、导向与定位导向装置的作用

1. 导向装置的作用

(1) 动、静模之间的定位作用，任何一套注射模在动、静模之间都必须有导向装置以保证在开合模过程中的准确定位使制件有正确的形状和尺寸精度。

(2) 承受一定载荷的作用，一是合模后承受一定侧向载荷，二是在推板脱模机构或三板式(双分型面) 模具结构中承受推板或型腔板重载荷的作用。

(3) 保持运动平稳的作用，在大中型模具的脱模机构中设计导向装置以保持脱模机构运动灵活平稳。

2. 定位导向装置的作用

对于大型、薄壁、深腔、精密制件的注射模或生产批量大的注射模，仅用导柱导向装置是不行的，还必须在动、静模之间增设锥面定位导向装置，以保证大型、薄壁、深腔、精密制件的精度和同心度等要求。

二、导向装置与定位导向装置的设计

(一) 导向装置的设计

导向装置由导柱(导杆) 和导孔(导套) 组成，导向装置的设计关键在于导柱(导杆) 和导孔(导套) 的形式、粗细、长度，它们之间的配合精度及材料的选择和热处理条件，现分述如下。

1. 导柱

(1) 导柱的形式。导柱有各种各样的形式(图2-49)，各种形式用在不同的情况下。图2-49(a) 一般用于模具要求不高、生产批量不大的无导套的导向机构；图 2-49(b) 一般用于精度、平稳性要求较高、生产批量较大的有导套的导向机构；图2-49(c) 一般用于双分型面或推板脱模机

构的有导套的导向机构；图 2-49(d) 用于导柱需要固定在两块板上的有导套的导向机构；有的导柱上开设有油槽，内存润滑剂，以减小导柱导向的摩擦，提高模具的寿命(图 2-49(e)、(f))；图 2-49(g)、(h) 用于脱模机构的导向机构；图 2-49(i) 用于垂直分型面的导向机构。

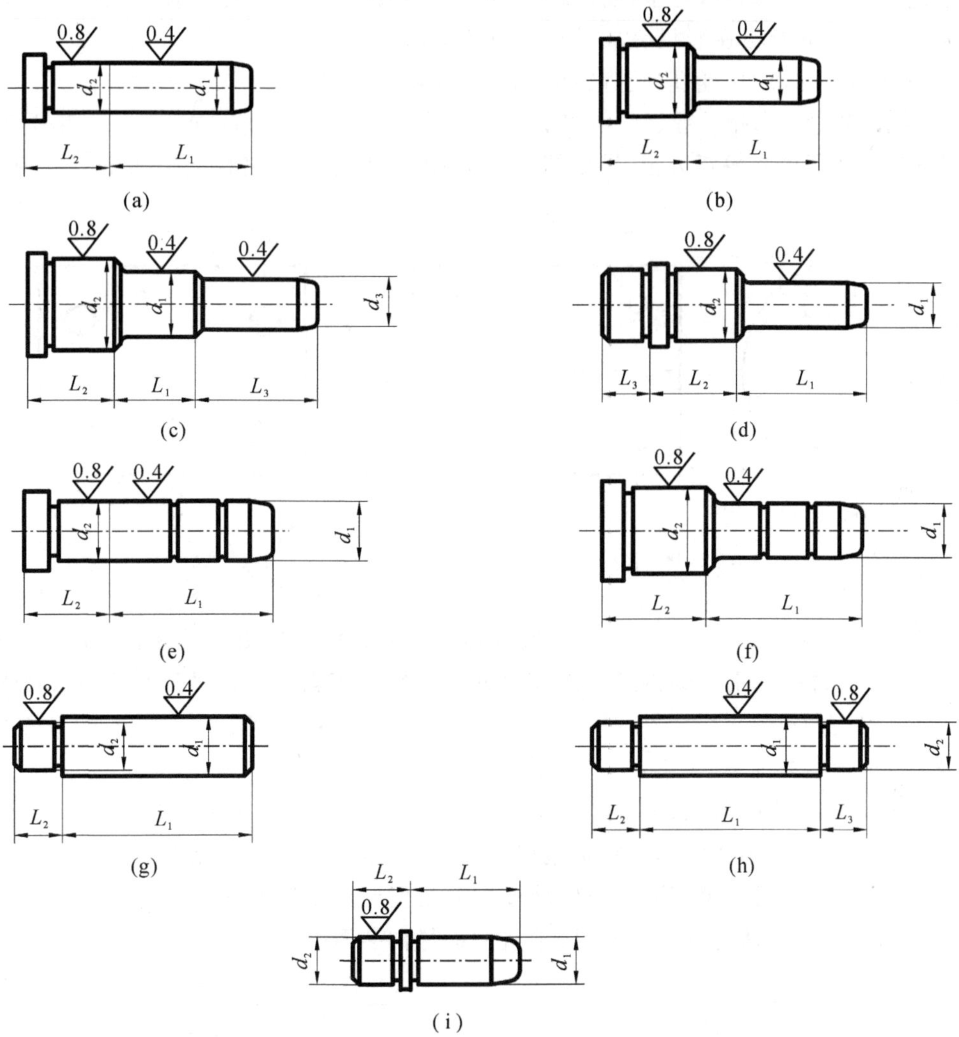

图 2-49　导柱的形式

d_1,d_3— 导柱导向部分直径；d_2— 导柱固定部分直径；L_1,L_3— 导向长度；L_2— 导柱固定长度

(2) 导柱的直径、导向部分及固定部分的长度。导柱的直径一般取模板两直角边之和的 1/20 ~ 1/40，具体数值可查有关手册。对于大、中型精度要求较高的模具，导柱还有承受推板或型腔板重载荷的作用，必须对其直径进行校对，导柱的直径可用

$$d = \left(\frac{64\omega L^2}{3E\pi\delta}\right)^{\frac{1}{4}} \tag{2-12}$$

校对。

式中　ω—— 一根导柱承受的模板重力(N)；

L—— 模板的重心距导柱根部的距离(mm)；

E—— 材料的弹性模量(MPa);

δ—— 导柱导向部分弯曲变形的挠度(mm),其值以不影响合模为准。

导柱导向部分的长度在直径一定条件下故然越长越好,但过长影响模具的厚度,一般取插入半模厚度的一半以上即可,对于推板脱模机构模具中两半模的导柱和脱模机构中的导柱,导向部分的长度应保证推板在脱模完成后或顶杆安装板仍还在导柱上。

导柱固定部分的长度一般取其直径的 1.5 倍左右。

(3) 导柱的数量及布排。导柱的数量圆形截面一般为三个,均布;方形截面一般为四个,布排应尽量靠边。为了避免搞错方位,导柱的直径应不同或位置尺寸略有不同,如图 2-50 所示。

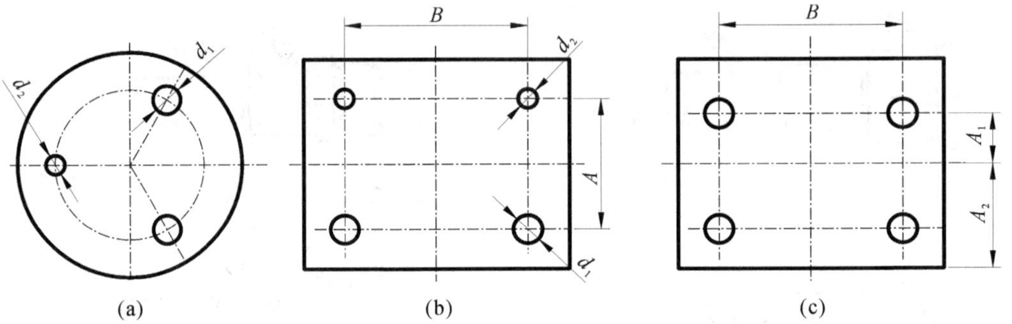

图 2-50 导柱的数量及布排

(4) 导柱的材料及热处理。导柱的材料应具有一定的强度和硬度或具有高的表面硬度而坚韧的内芯,一般材料选用低碳钢经渗碳淬火处理或碳素工具钢(T8、T10) 经淬火处理,硬度为 50 ~ 55HRC 左右。

2. 导套

导套也有各种各样的形式(图 2-51),各种形式用在不同的情况下,图 2-51(a) 的形式被广泛采用;图 2-51(b) 用在导套固定板过厚的情况下,这种形式可简化机械加工、降低模具加工成本;图 2-51(c) 多用于导套固定板较薄或导向精度要求不高的情况下;图 2-51(d) 用于导套需固定在两块板上的情况下,多用于脱模机构的导向装置。

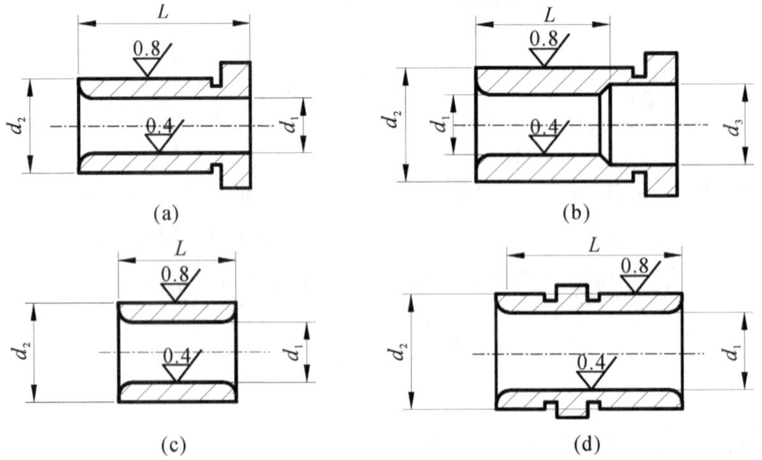

图 2-51 导套的形式

导套内径、导向部分的长度、固定部分的长度取决于导柱的直径、导向部分的长度，导套壁厚通常取 3 ～ 10 mm。导套的材料及热处理与导柱一样。

3．导柱与导套的组合形式

导柱与导套的组合形式如图 2－52 所示。图 2－52(a) 为无导套的组合形式，模具加工简单，配合精度、同轴度易于保证，但耐磨性差，多用在制件要求较高而生产批量不大的情况下；图2－52(b)、(c) 为有导套的组合形式，多用在制件要求不高而生产批量较大的情况下；图 2－52(d) 组合形式模具加工简单，配合精度、同轴度易于保证，且耐磨性好，多用在制件要求较高、生产批量较大的情况下；图 2－52(e) 组合形式被广泛使用，它模具加工简单，配合精度、同轴度易于保证，耐磨性好，模具拆卸方便，易于修模；图 2－52(f) 组合形式多用在脱模机构的导向中。

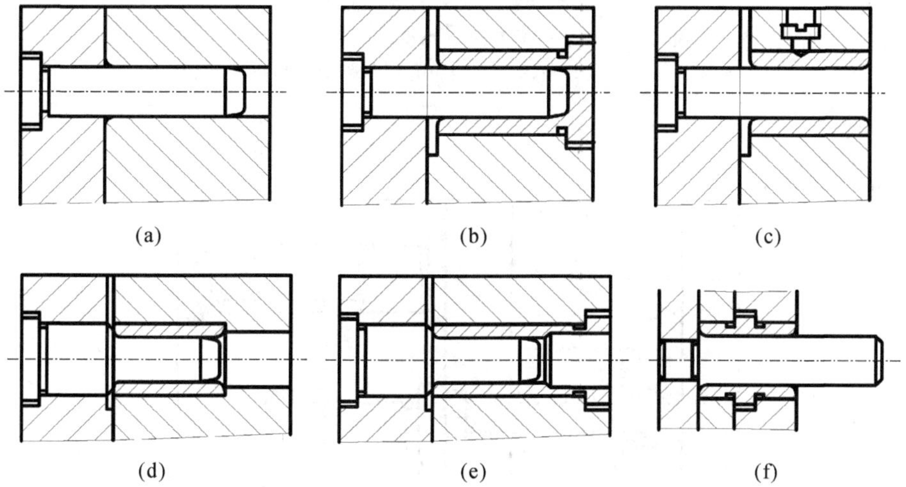

图 2－52　导柱与导套的组合形式

4．导柱与导套的配合精度及导柱、导套的固定配合精度

导柱与导套的配合如图 2－53 所示。导柱与导套的配合精度多选用 H9/f9，配合精度要求较高时可选用 H7/f7；导柱、导套固定部分的配合精度一般选用 H7/n6。

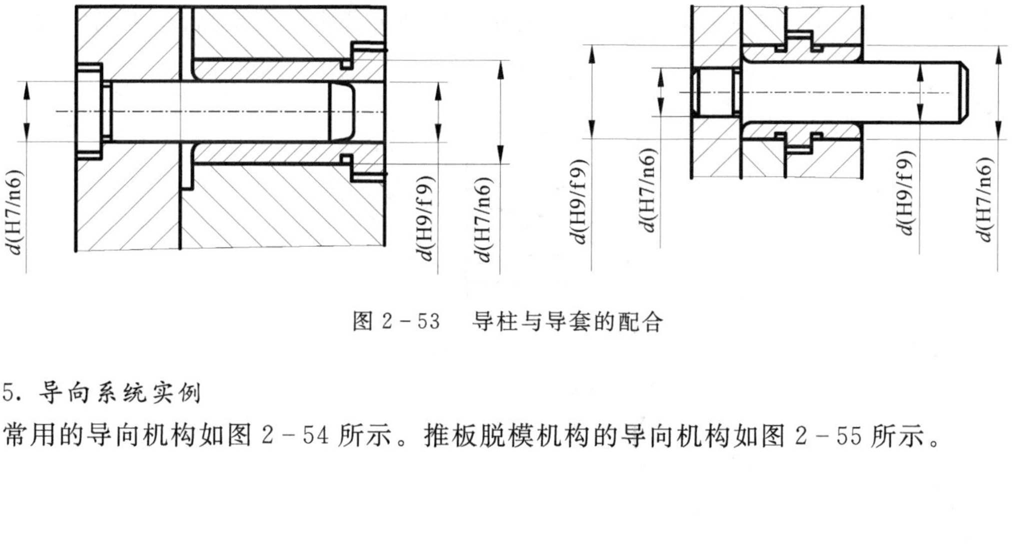

图 2－53　导柱与导套的配合

5．导向系统实例

常用的导向机构如图 2－54 所示。推板脱模机构的导向机构如图 2－55 所示。

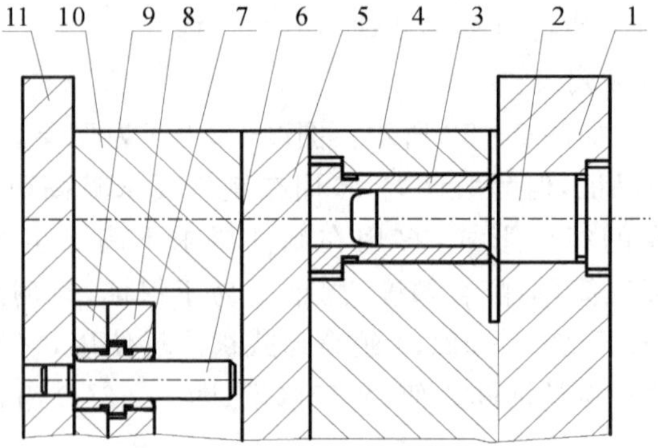

图 2-54 常用的导向机构

1— 静模；2— 导柱；3— 导套；4— 动模；5— 动模垫板；6— 导柱；
7— 导套；8— 顶杆安装板；9— 垫板；10— 动模垫块；11— 动模固定板

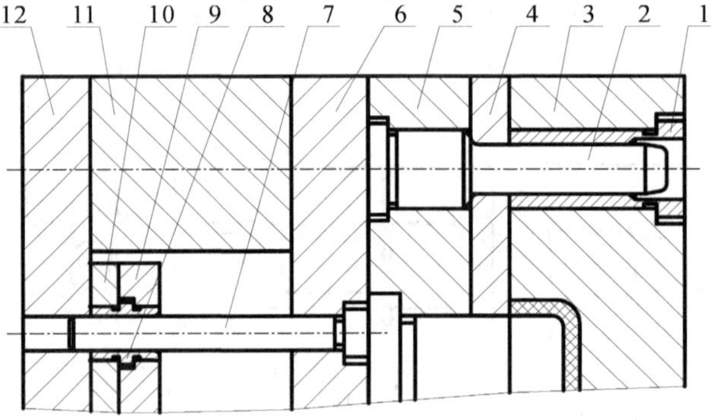

图 2-55 推板脱模机构的导向机构

1— 导套；2— 导柱；3— 静模；4— 推板；5— 动模；6— 动模垫板；7— 导柱；
8— 导套；9— 顶杆安装板；10— 垫板；11— 动模垫块；12— 动模固定板

（二）定位导向装置的设计

对于大型、薄壁、深腔、精密制件的注射模，型腔内侧压力较大，易引起型芯、镶块、活块偏移，因此需增设定位导向装置，如图 2-56 所示。这种装置定位精度高，用于侧向力不大的模具。

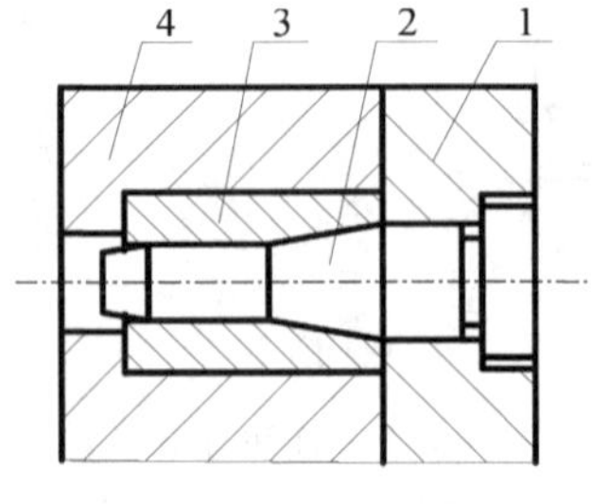

图 2-56 锥形导柱定位装置

1— 静模；2— 锥形导柱；3— 导套；4— 动模

2.6　侧抽芯机构设计

当制件的分型面确定后，在制件上与开模方向垂直的内侧或外侧如果有侧孔或侧凹，就会对制件的开模或脱模形成障碍，要想使制件顺利开模或脱模，就必须在开模或脱模过程中排除障碍，我们把能在开模或脱模过程中排除障碍而在合模时又能回复原位的机构称为侧抽芯机构。

一、抽芯力和抽芯距的确定

(一) 抽芯力的确定

抽芯力是指克服制件在凝固过程中对被包围表面产生的包紧力以及克服抽芯机构各活动表面之间的摩擦力。抽芯力主要是指包紧力，包紧力的计算如下：

型芯的受力如图 2-57 所示，当型芯静止时有

$$p_1 = p\sin\alpha \tag{2-13}$$

$$p_2 = p\cos\alpha \tag{2-14}$$

式中　p —— 型芯上单位面积的包紧力(Pa)；

p_1—— 单位面积包紧力沿型芯斜面的分力(Pa)；

p_2—— 单位面积包紧力垂直于斜面的分力(Pa)；

α —— 拔模斜度(°)。

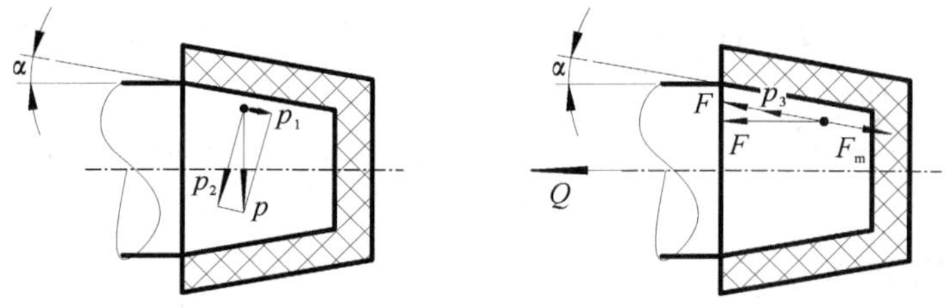

图 2-57　型芯受力分析

当型芯抽拔的一瞬间有：

$$p_3 = p_1 = p\sin\alpha \tag{2-15}$$

$$F_m = F' + p_3$$

$$F_m = \mu p_2 = \mu p\cos\alpha$$

则

$$F' = F_m - p\sin\alpha = \mu p\cos\alpha - p\sin\alpha = p(\mu\cos\alpha - \sin\alpha) \tag{2-16}$$

又

$$F = F'\cos\alpha \tag{2-17}$$

式中　p_3 —— 抽拔时 p_1 对型芯的反作用力(Pa)；

F_m—— 抽拔时制件对型芯的摩擦力(Pa)；

F' —— 沿型芯斜面的抽拔力(Pa)；

F —— 单位面积的抽拔力(Pa)；

μ —— 制件与型芯间的摩擦因数，一般取 0.1 ～ 0.2。

因为

$$F = p(\mu\cos\alpha - \sin\alpha)\cos\alpha \tag{2-18}$$

所以抽拔力

$$Q = Sp(\mu\cos\alpha - \sin\alpha)\cos\alpha \tag{2-19}$$

式中 S—— 制件包围型芯的面积(m^2)；

Q—— 抽拔力(N)。

由式(2-19)可看出，抽拔力主要受以下几方面因素的影响：

(1) 制件材料的性能。主要受材料收缩性能及表面润滑性的影响，材料的收缩率大，包紧力大，抽拔力大，表面润滑性差，摩擦力大，抽拔力大。

(2) 型芯的断面形状及长度。型芯的断面面积大，长度长，包紧力大，抽拔力大。

(3) 型芯的拔模斜度及型芯的表面粗糙度。拔模斜度大、型芯的表面光滑，抽拔力小。

(4) 制件的壁厚。制件的壁厚大，收缩率大，包紧力大，抽拔力大。

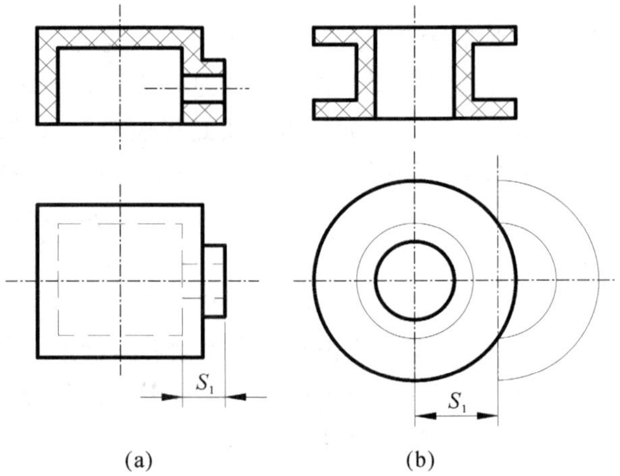

图 2-58 抽芯距离

(5) 成型工艺。成型压力大，注射温度高，模具温度低，冷却时间长，收缩率大，包紧力大，抽拔力大。

(二) 抽芯距离的确定

抽芯距离就是对开模或脱模形成障碍的长度，图 2-58 中的 S_1，但实际的抽芯距离考虑到抽芯机构中各部件之间的加工及配合误差，应再加上 3 ～ 5 mm 的保险值，即

$$S = S_1 + 3 \sim 5 \tag{2-20}$$

二、侧抽芯机构的类型

(一) 手动侧抽芯机构

手动侧抽芯机构是指在开模前或开模后顶出制件前在模具内人工将侧型芯抽出(图 2-59)或把侧型芯做成活块的形式连同制件一起顶出，在模具外从制件上取下型芯的机构(图 2-60)。图 2-59(a)是螺纹套固定不动，用手柄转动螺杆将型芯抽出，一次抽一芯；图 2-59(b)是螺杆不移动，用手柄转动螺杆将固定有型芯的螺纹套抽出，一次可抽多个型芯；图 2-59(c)是用手工或液压拉动手柄，带动斜槽导板转动，利用斜槽带动固定在型芯滑块上的销钉，使型芯滑块沿直线运动，完成抽芯，这种机构一般用在同时抽出多个型芯，而多个型芯的抽出方向不同的情况下。

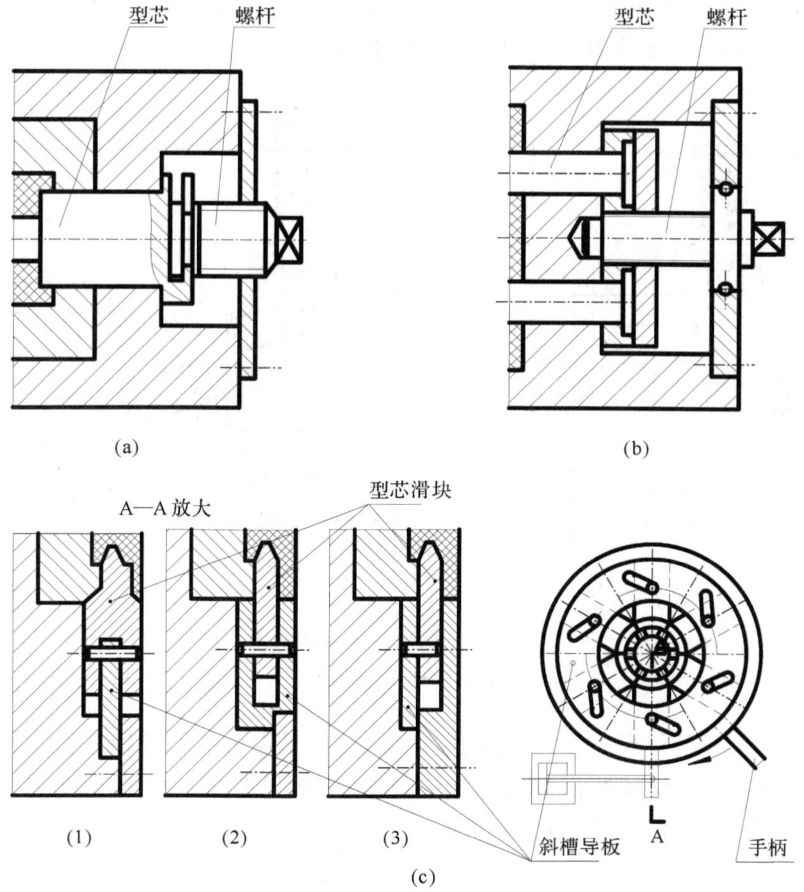

图 2-59　模内手动侧抽芯机构

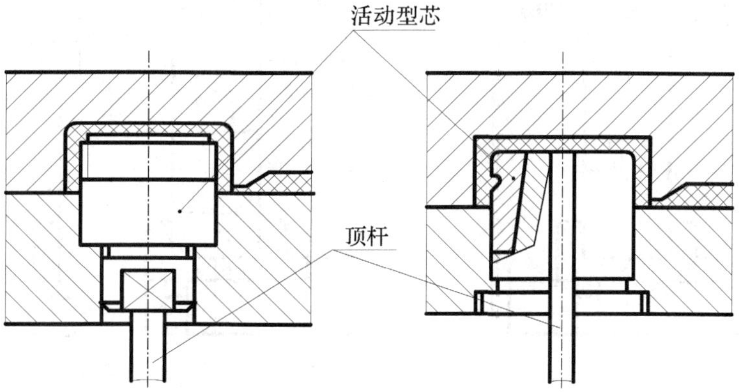

图 2-60　模外手动侧抽芯机构

（二）机动侧抽芯机构

1. 斜拉杆侧抽芯机构

斜拉杆侧抽芯机构是实际生产中最常用的一种，如图 2-61 所示，它通过机床的开模力，在开模过程中斜拉杆在与固定有型芯的滑块做相对运动同时，使滑块沿型芯方向运动，直至滑块上的斜孔脱离斜拉杆完成抽芯。它结构简单、紧凑、运动安全可靠、生产效率高，一般在抽拔力不是很大、开模行程较大、抽芯距离在 40 mm 以下时采用。

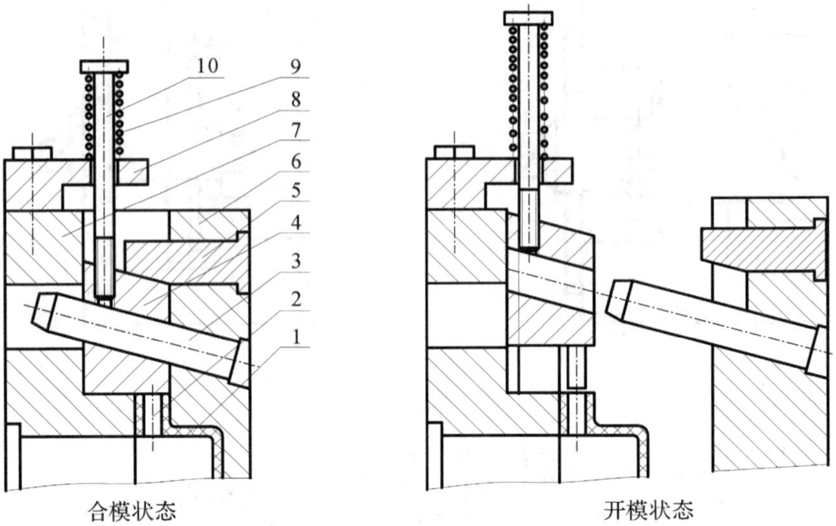

图 2-61　斜拉杆侧抽芯机构

1— 制件；2— 型芯；3— 斜导柱；4— 滑块；5— 楔子；6— 静模；7— 动模；8— 压板；9— 弹簧；10— 螺钉

当抽拔力很大、开模行程较短、抽芯距离较长时，可采用方斜拉杆抽芯机构。如图 2-62 所示，它的抽芯机理与斜拉杆抽芯机构相同，由于方斜拉杆强度高，故可获得较大的抽芯距离和承受较大的抽拔力，但结构复杂，制造困难。

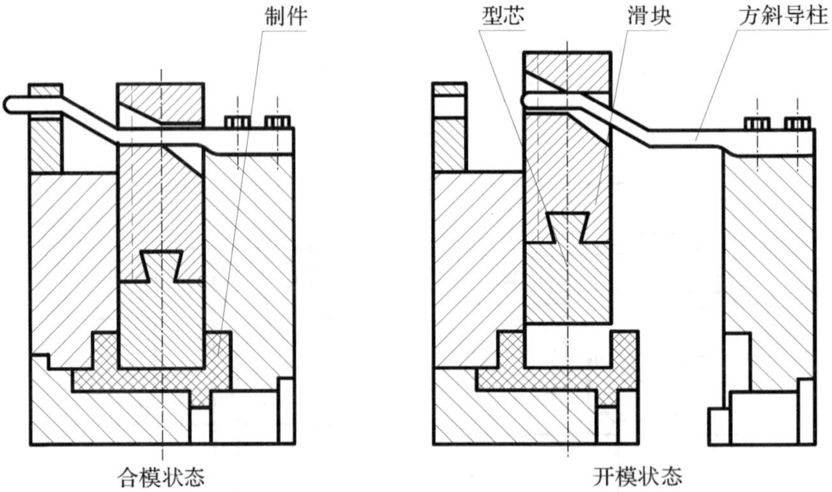

图 2-62　方斜拉杆侧抽芯机构

2. 斜滑块侧抽芯机构

当制件的侧面有较大面积凸凹复杂形状、且抽拔力不大、抽芯距离在 30 mm 以下时，可采用斜滑块侧抽芯机构，如图 2-63 所示。它与斜导柱抽芯机构略有不同，它是在开模后，顶出制件的过程中，顶杆推动固定有型芯或型腔的斜滑块向前运动的同时又向侧面移动达到抽芯目的。斜滑块侧抽芯机构结构简单、运动平稳可靠、操作方便，有利于浇注系统的开设，还可改善排气条件，也是实际生产中最常用的一种抽芯机构。

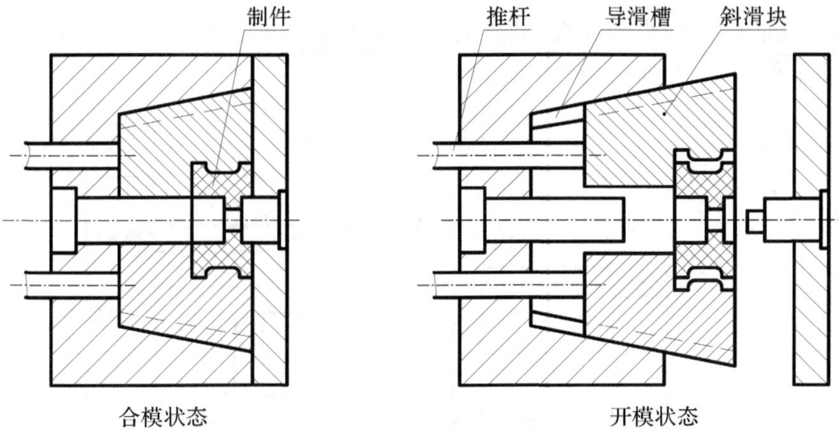

图 2－63　斜滑块侧抽芯机构

3．齿轮齿条抽芯机构

大多数侧型芯的抽出方向与开模方向相垂直，当型芯的抽出方向与开模方向不垂直且有多个型芯时，可采用齿轮齿条抽芯机构，如图 2－64 所示。图 2－64(a)是在顶出过程中，顶出力推动齿条向前运动，齿条带动齿轴转动，齿轴在转动中带动齿型型芯完成侧抽；图 2－64(b)是靠开模力完成的，齿轮齿条抽芯机构结构复杂，加工困难，一般很少使用，只有在斜导柱或斜滑块机构很难完成侧抽或不能完成侧抽时才使用。

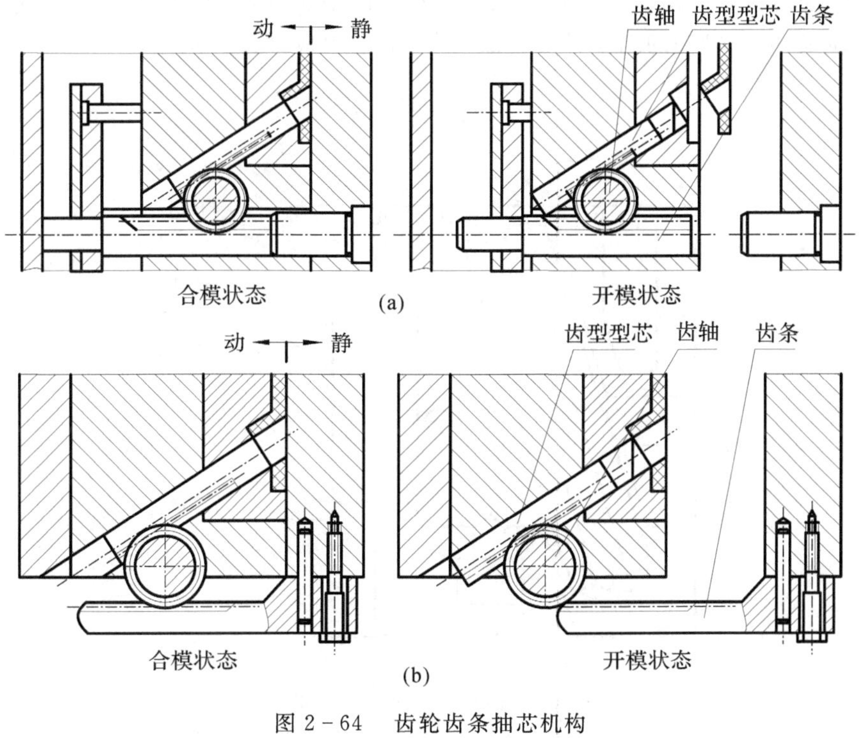

图 2－64　齿轮齿条抽芯机构

（三）液压侧抽芯机构

当开模行程不大，而抽芯距离很长、抽拔力很大、且抽芯方向又与开模方向不垂直时，可采用液压侧抽芯机构，如图2-65所示。液压侧抽芯机构是把液压抽芯器连接在固定于模具上的支架上，型芯与抽芯器的接头相连接，抽芯器靠液压进退完成抽芯，由此可见，液压侧抽芯机构可完成很大抽芯距离、很大抽拔力、任意方向的型芯。

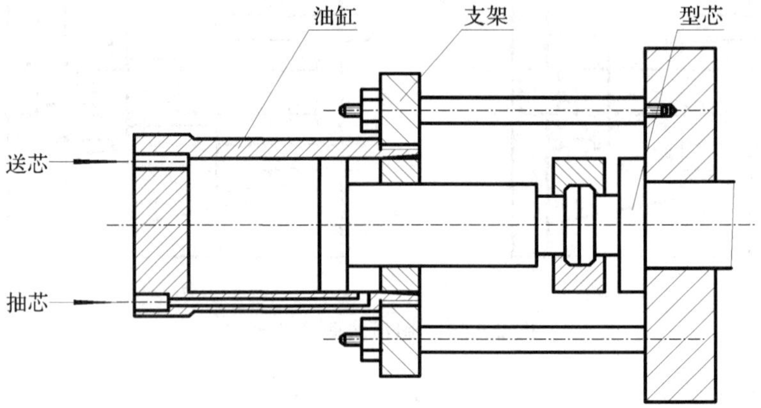

图2-65　液压侧抽芯机构

三、侧抽芯机构的设计

（一）斜拉杆侧抽芯机构的设计

斜拉杆侧抽芯机构的组成如图2-66所示，它是由型芯、固定型芯的滑块、防止成型过程中滑块后退的锁块、完成侧抽的斜拉杆等组成，下面对各组成部件分别论述。

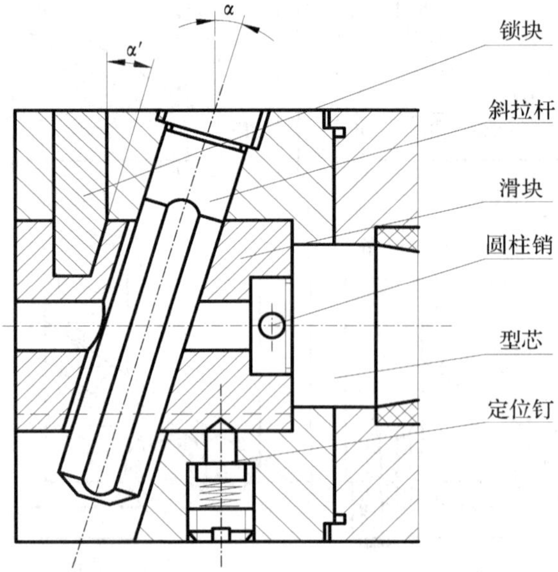

图2-66　斜拉杆侧抽芯机构的组成

1. 斜拉杆

(1) 斜拉杆的形式、特点及应用。

斜拉杆的形式如表 2－7 所示。

表 2－7　斜拉杆的形式

图　　例	特点及应用	图　　例	特点及应用
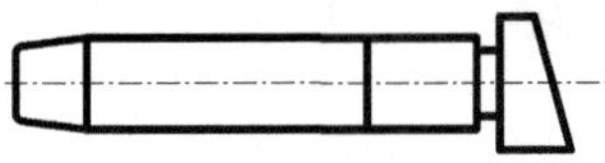	便于加工，常用在抽拔力较小、抽芯距离较短的情况下	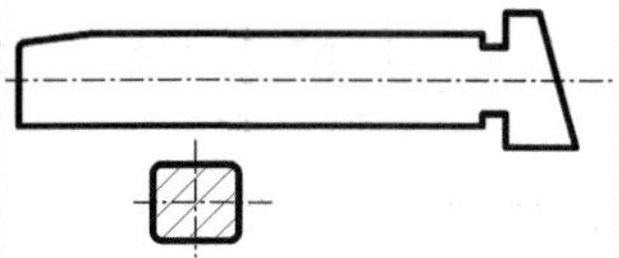	斜拉杆强度高，易加工，常用在抽拔力较大的情况下
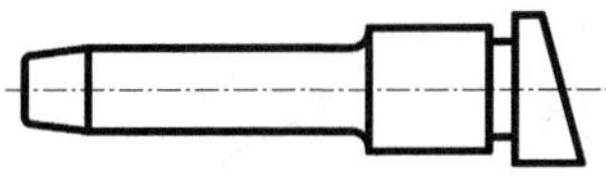	当滑块的斜孔内配有导套时采用，便于滑块斜孔与固定斜拉杆的斜孔组合加工，一般用在生产批量较大的大型滑块上	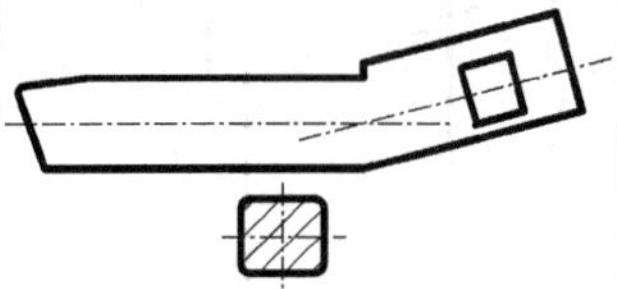	便于斜拉杆的装配，方键固定较可靠，固定部位占用面积小，可使模具结构紧凑，但加工困难
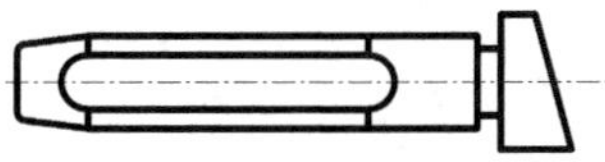	斜拉杆与滑块的斜孔接触面积小，减少滑动摩擦面，防止斜拉杆脱离滑块时被卡死，因此被普遍采用	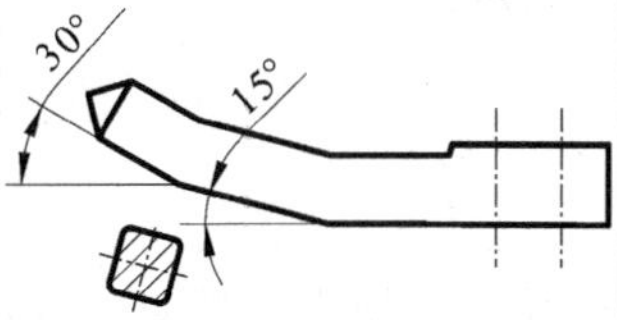	变角斜拉杆，用 15° 先克服型芯的包紧力，再用 30° 来满足抽芯的需要，在抽拔力较大、抽芯距离较长时采用
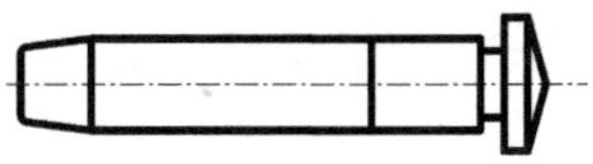	在斜拉杆须有大量标准件备用时采用，并便于安装部位的加工	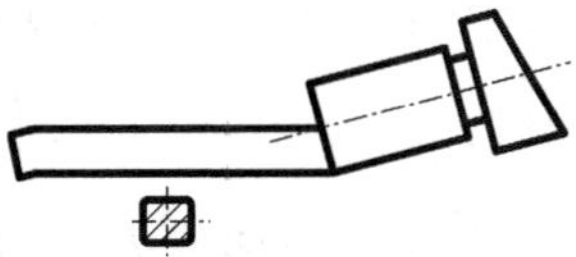	用于斜拉杆内侧抽芯机构，便于斜拉杆的装配

(2) 抽拔方向与斜拉杆倾角的确定。

由图 2－67 可看出

$$Q = P\cos\alpha \qquad (2-21)$$

$$P = \frac{Q}{\cos\alpha} \qquad (2-22)$$

$$S = H\tan\alpha = L\sin\alpha \qquad (2-23)$$

式中　Q —— 抽拔阻力；

P —— 斜拉杆所受的弯曲力；

α —— 抽拔方向与斜拉杆的倾角；

H —— 斜拉杆完成侧抽的开模行程；

L —— 斜拉杆有效工作长度；

S —— 抽芯距离。

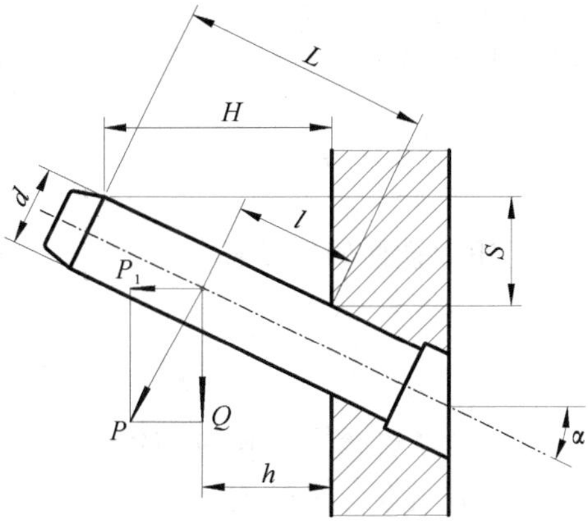

图 2－67　斜拉杆倾角的确定

由式(2－22) 和式(2－23) 可以看出，当抽拔力一定时，倾角越大，斜拉杆所受的弯曲力越大，斜拉杆越容易损坏；当抽芯距离一定时，倾角越大，斜拉杆有效工作长度越小，斜拉杆完成侧抽所需的开模行程越小，因此，斜拉杆倾角一般不宜过大，取 15° ～ 22°，只有在抽芯距离大，而开模行程小时，可选至 25°。

前面讲述的是型芯的抽出方向与分型面平行的情况，当型芯的抽出方向与分型面成一定角度时，斜拉杆倾角的确定如下：当抽拔方向偏离斜拉杆固定板时，如图 2－68(a) 所示，抽拔方向与斜拉杆倾角 $\alpha=\alpha_1+\alpha_2$；当抽拔方向偏向斜拉杆固定板时，如图 2－68(b) 所示，$\alpha=\alpha_1-\alpha_2$。

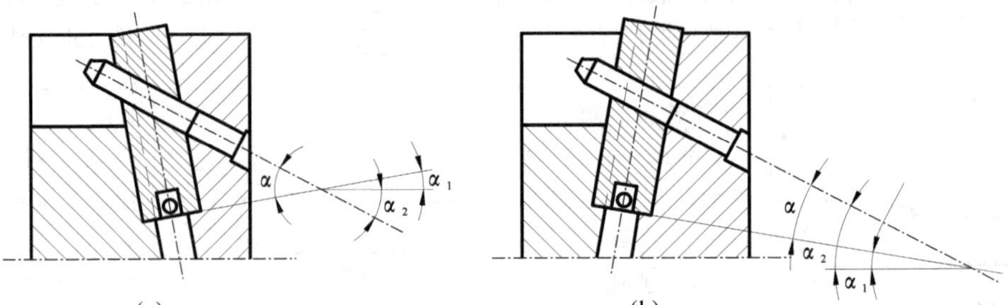

图 2－68 斜拉杆倾角的确定

(3) 斜拉杆直径的确定。

由力学知识可知：

$$M=PL=-\frac{Qh}{\cos^2\alpha} \qquad (2-24)$$

式中 Q —— 抽拔阻力(N)；

M —— 斜拉杆所受的最大弯距(N·m)；

h —— 斜拉杆受力中心到斜拉杆固定板平面的距离(m)；

L —— 斜拉杆受力中心到支点的距离(m)。

根据工程力学原理有：

$$\sigma=\frac{M}{W}\leqslant[\sigma]_{弯} \qquad (2-25)$$

式中 σ —— 斜拉杆所受的弯曲应力(Pa)；

$[\sigma]_{弯}$ —— 斜拉杆所受的最大弯曲应力(Pa)；

W —— 抗弯剖面系数。

对于圆形截面的斜拉杆 $W=0.1d^3$

即

$$d=\sqrt[3]{\frac{QL}{0.1[\sigma]_{弯}\cos\alpha}} \qquad (2-26)$$

对于矩形截面的斜拉杆 $W=0.09d^3$

即

$$d=\sqrt{\frac{QL}{0.09[\sigma]_{弯}\cos\alpha}} \qquad (2-27)$$

式(2－27) 计算起来比较烦锁，在实际生产中，常常通过参考图查得数值。

(4) 斜拉杆长度的确定。

斜拉杆的总长度 L 与抽芯距离 S、斜拉杆的倾角 α、斜拉杆直径 d、斜拉杆凸肩直径 D、斜拉杆固定板厚度 H 有关，由图 2－69 可看出：

$$l_1 = \frac{S}{\sin\alpha} \tag{2-28}$$

$$l_2 = \frac{d}{2\tan\alpha} \tag{2-29}$$

$$l_3 = \frac{H}{\cos\alpha} \tag{2-30}$$

$$l_4 = \frac{D}{2\tan\alpha} \tag{2-31}$$

$$L = l_1 + l_2 + l_3 + l_4 + (5 \sim 8) \tag{2-32}$$

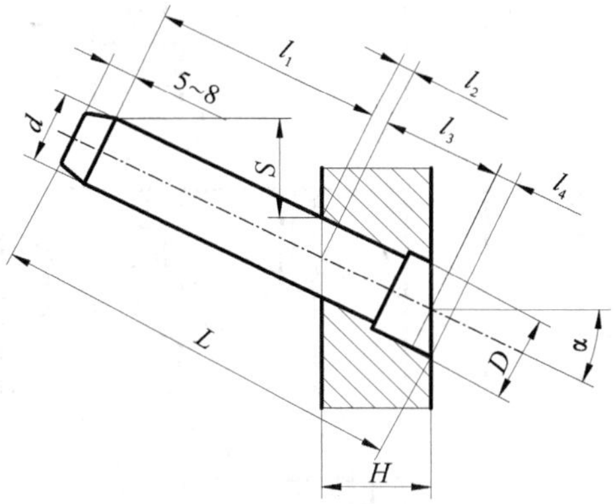

图 2-69　斜拉杆长度的确定(一)

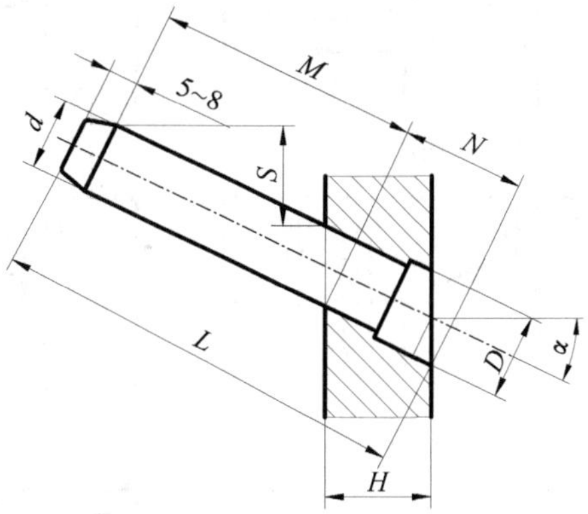

图 2-70　斜拉杆长度的确定(二)

如图 2-70 所示,斜拉杆的总长度 L 也可以通过下式计算:

$$L = M + N + (5 \sim 8) \tag{2-33}$$

$$M = \frac{S}{\sin\alpha} + d\tan\alpha \tag{2-34}$$

$$N = \frac{H}{\cos\alpha} + \frac{D-d}{2\tan\alpha} \tag{2-35}$$

当给定 $D = d + 5$ 时,可根据表 2-8 直接查得斜拉杆的总长度 L 的值。

表 2-8　斜拉杆的总长度

抽芯倾角	$M = l_1 + K_1$								$N = l_2 + K_2$	
	l_1	K_1 斜拉杆直径/mm							l_2	K_2
		15	20	25	30	35	40	45		
10°	$S \times 5.75$	8.87	9.75	10.63	11.51	12.39	13.27	14.15	$H \times 1.015$	0.44
15°	$S \times 3.86$	9.54	10.88	13.22	13.56	14.90	16.24	17.58	$H \times 1.035$	0.67
18°	$S \times 3.24$	10.40	12.02	13.65	15.00	16.90	18.52	20.15	$H \times 1.051$	0.81
20°	$S \times 2.92$	10.76	12.58	14.40	16.22	18.04	19.86	21.68	$H \times 1.064$	0.91
22°	$S \times 2.67$	11.37	13.39	15.41	17.43	19.45	21.47	23.49	$H \times 1.078$	1.01
25°	$S \times 2.36$	12.33	14.66	16.99	19.32	21.65	23.98	26.31	$H \times 1.103$	1.17

2. 锁块

(1) 锁块的结构及固定形式。

锁块的结构及固定形式如图 2-71 所示。图 2-71(a) ~ (e) 的结构及固定形式是常用的几种形式,一般用于锁紧力不需要很大的情况下;当需要较大的锁紧力时,一般采用图 2-71(f)、(g) 的结构形式,它们的共同特点是结构简单、易加工、拆卸修整方便。当需要很大的锁紧力时,可采用图 2-71(h)、(i)、(j) 的结构形式,但结构复杂。

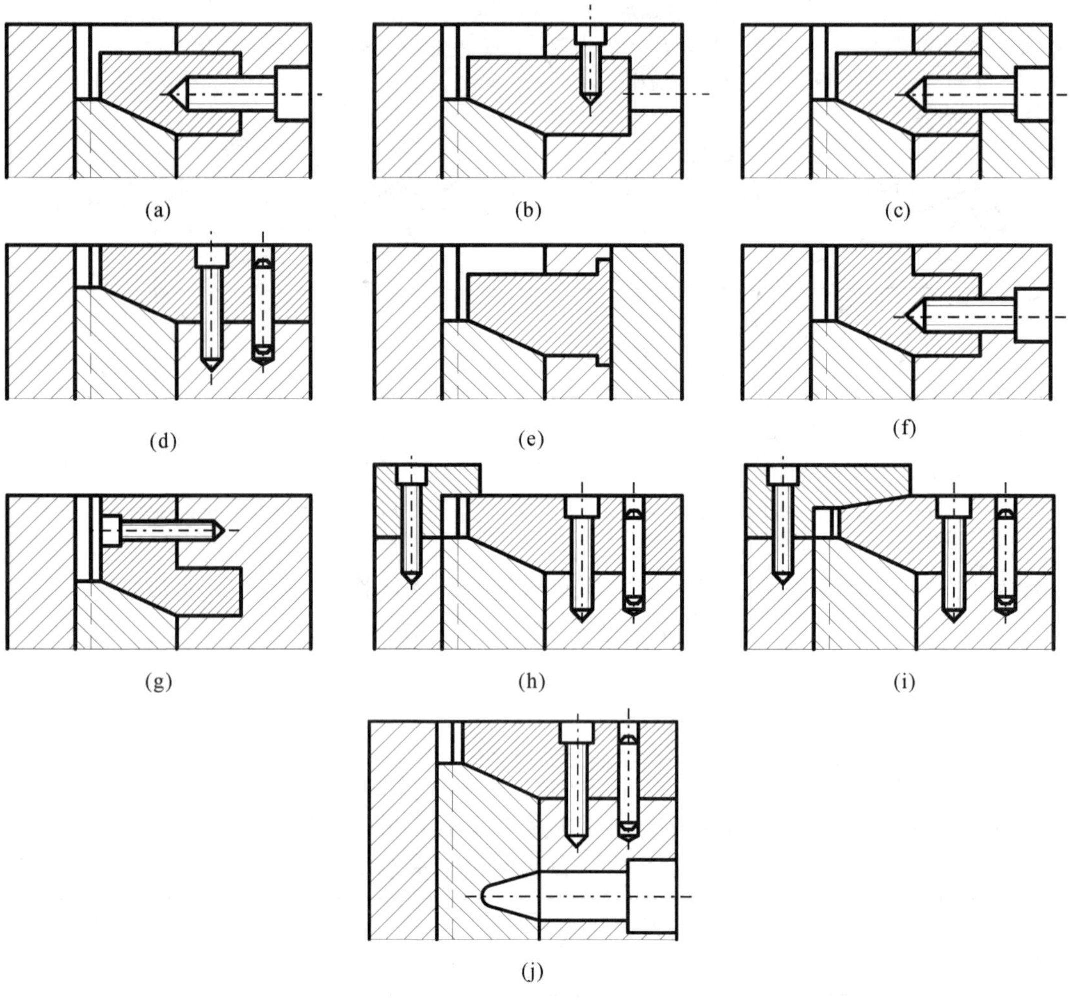

图 2-71 锁块的固定形式

(2) 锁块的楔角。

锁块的楔角大小应保证开模时锁块先离开滑块使斜拉杆顺利抽出型芯,而合模时斜拉杆先使滑块复位,锁块最后锁紧滑块。

若型芯抽出方向与分型面平行时,如图 2-72 所示,锁块的楔角 $\beta=\alpha+2^\circ\sim3^\circ$;若型芯抽出方向与分型面成一定角度,不管抽拔方向偏离斜拉杆固定板还是偏向斜拉杆固定板,如图 2-73 所示,锁块的楔角 $\beta=\alpha_1+2^\circ\sim3^\circ$。

(3) 锁紧部位的高度。

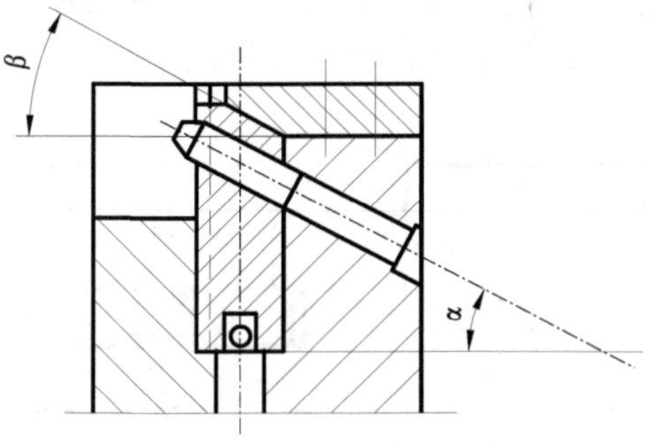

图 2-72　锁块的楔角

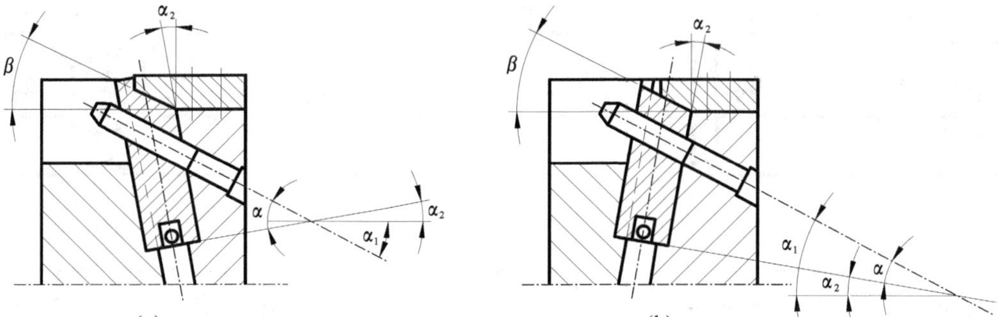

图 2-73　型芯抽出方向与分型面成一定角度时锁块的楔角

要使锁块能够在成型过程中锁紧滑块而不使其后退，锁紧部位应有一定的高度，若滑块的厚度为 h，锁紧部位的高度为 c，如图 2-74 所示，则一般有 $c=\frac{2}{3}h$。

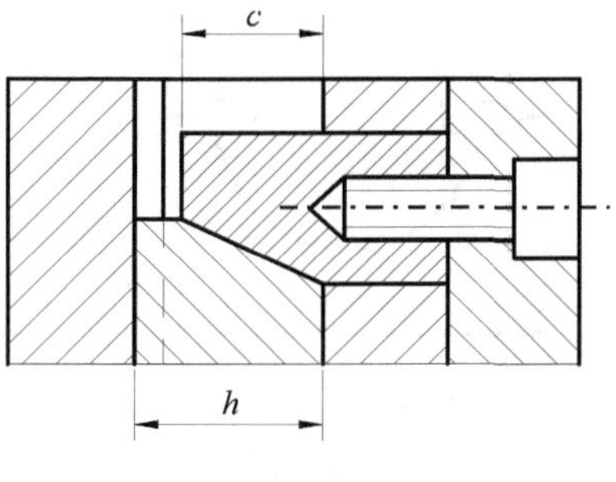

图 2-74　锁紧部位的高度

3. 滑块

(1) 滑块的导滑形式。

图 2-75(a) ～ (j) 是矩形截面的滑块，而图 2-75(a) ～ (g) 是常用的几种导滑形式，一般用于中、小型滑块，它导滑平稳、牢靠，便于制造及磨损后的更换，当滑块安装板较厚时用图 2-75(a) ～ (d) 的形式，当滑块安装板较薄时用图 2-75(e) ～ (g) 的形式；当滑块较大且滑块安装板较厚时，一般用图 2-75(h) ～ (j) 的形式，导滑面均由镶拼零件组成，便于加工制造和修理，滑动摩擦阻力小，温度变化影响小；对于圆形截面的滑块，一般用图 2-75(k) ～ (p) 的形

式，而图 2-75(k)～(m) 用导键导滑，加工制造简单，便于修理，图 2-75(n)～(p) 是用镶套式导滑，导滑平稳、牢靠，可提高模具寿命，但加工制造困难。

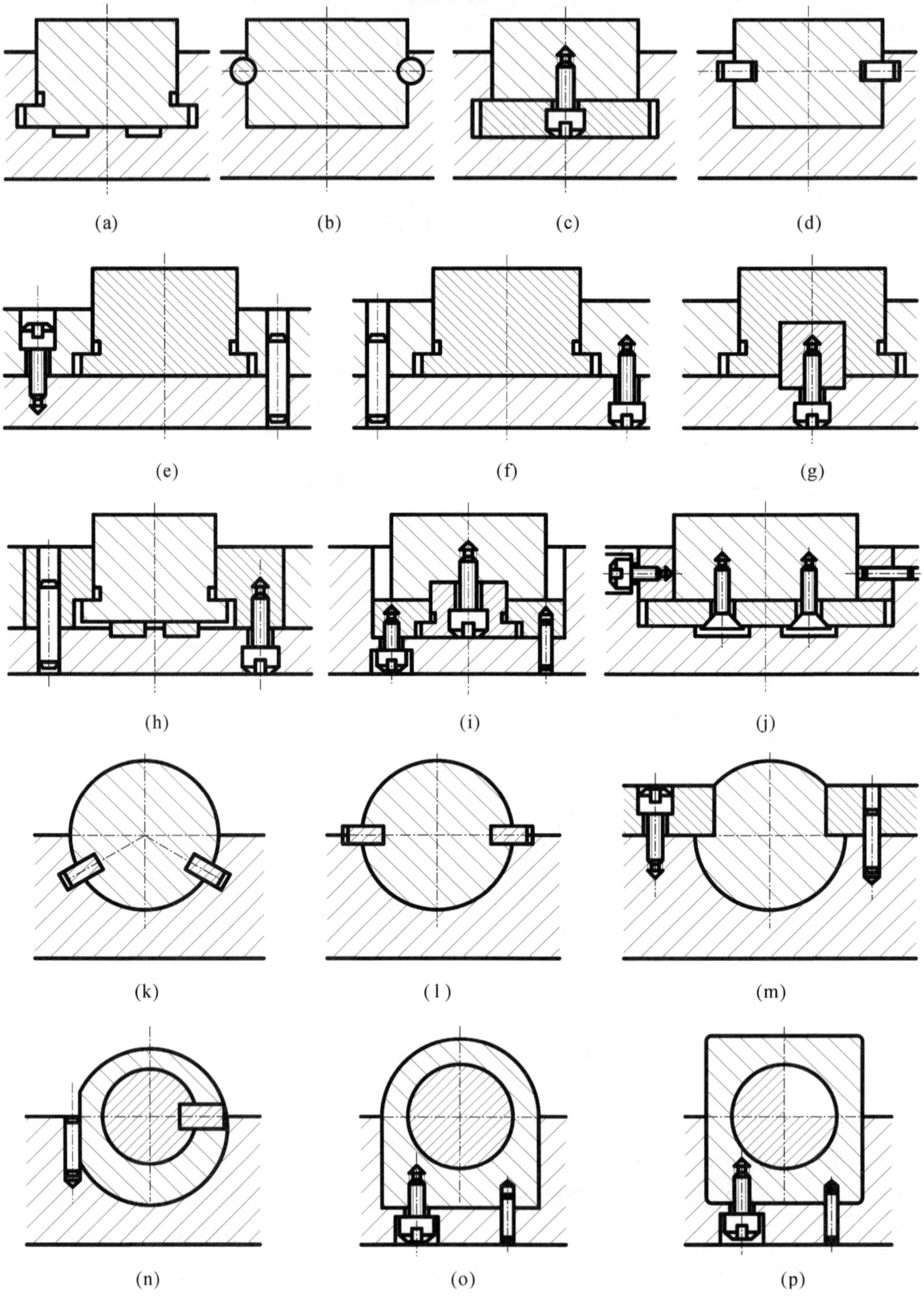

图 2-75　滑块的导滑形式

(2) 滑块的定位形式。

为了保证滑块在抽芯完成后停留在当时的位置，以便于合模时斜拉杆准确地插入导孔内，滑块上必须有定位装置，又因为成型工艺的需要，滑块可能在制件的上方、制件的两侧或制件的下方，滑块位置不同，定位形式不同，下面分别加以论述。

当滑块在制件的上方时，其滑块的定位装置如图 2－76 所示，定位装置由螺钉、压板、弹簧组成，螺钉固定在滑块上方，把压板固定在滑块安装板上并且要在滑块的上方，在压板和螺钉帽之间装一压缩弹簧，靠弹簧张力防止滑块下滑。图 2－76(a) 用于中、小型滑块，抽芯距离较大而不增加模板尺寸时；图 2-76(b) 也用于中、小型滑块，抽芯距离较小时；图 2-76(c) 用于两个斜拉杆同时作用于一个较大的滑块而抽芯距离较大时。

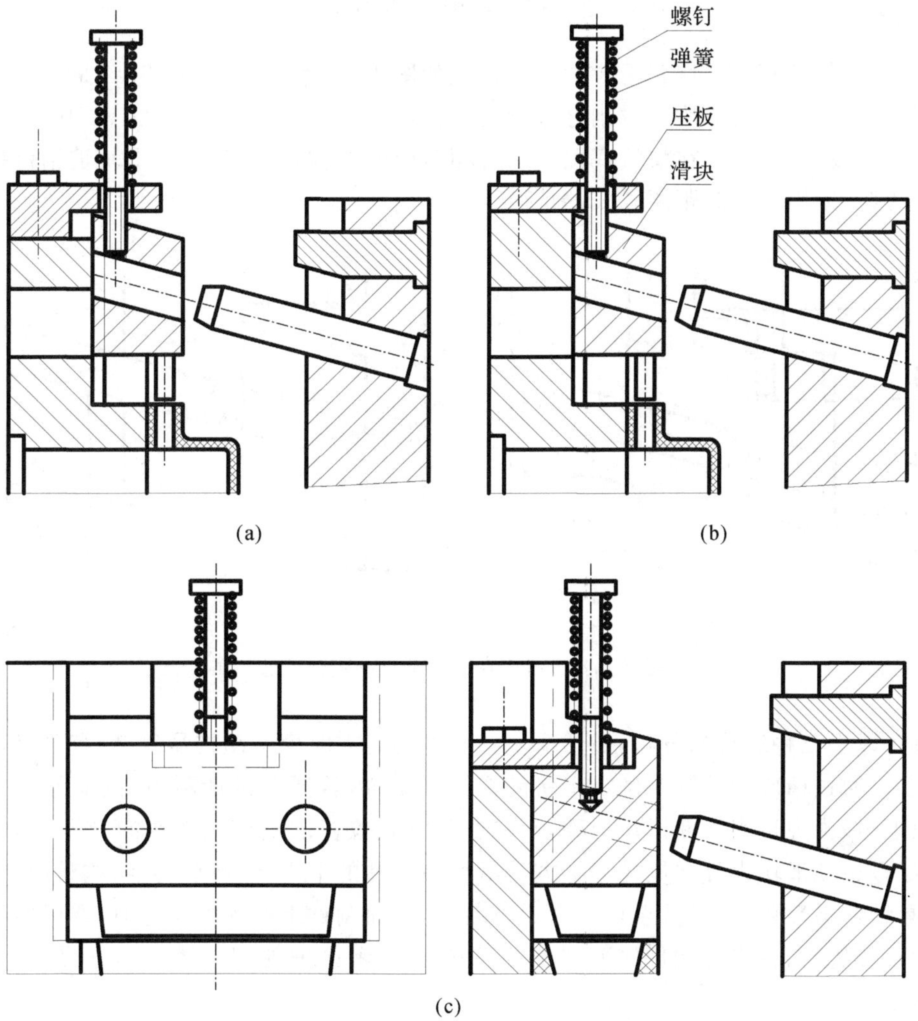

图 2－76　滑块在制件上方的定位装置

当滑块在制件两侧时，其滑块的定位装置如图 2-77 所示。图 2-77(a) 是定位装置在滑块的底部，销钉孔之间的距离就是抽芯距离（图中的 S）；图 2－77(b) 是定位装置在滑块的侧面，用在底面无法设置定位装置的情况下。

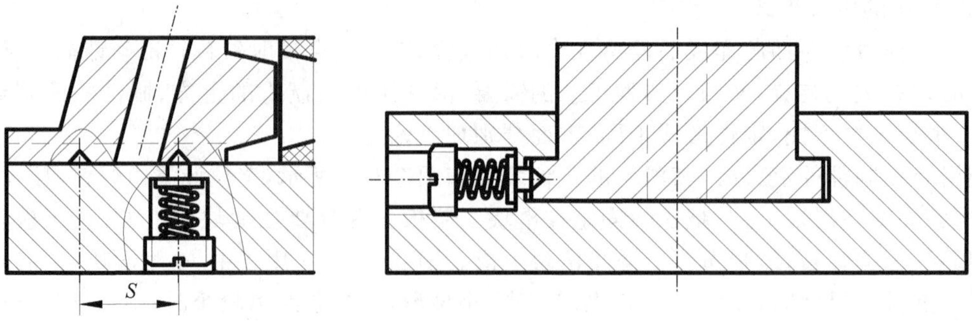

(a) (b)

图 2－77 滑块在制件两侧的定位装置

当滑块在制件的下方时，其滑块的定位装置如图2－78所示。图2－78(a)是在滑块的下方设置一挡板，抽芯完成后滑块下方刚好接触到挡板，阻止了滑块下滑；图 2－78(b) 是在滑块安装板上固定一或两个销钉，在滑块底面加工有相对应的导槽，抽芯完成后滑块被销钉挡住阻止了滑块下滑，一般用于抽芯距离较长的情况下。

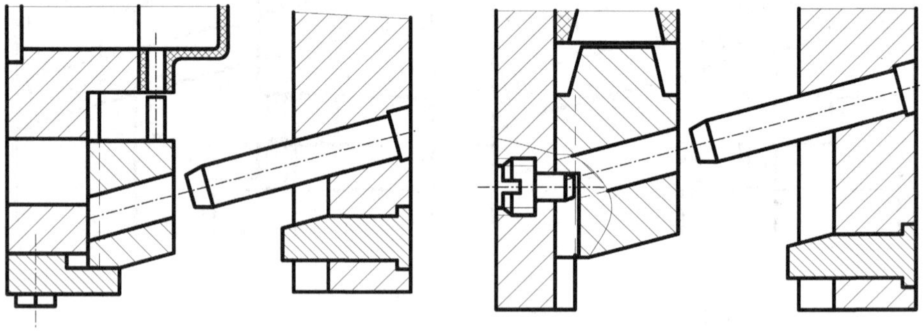

(a) (b)

图 2－78 滑块在制件下方的定位装置

通过对以上三种结构的分析，显然滑块在制件的上方时模具结构最复杂，特别是压缩弹簧的设计，必须通过精确的计算来确定出所需弹簧的参数，若弹簧设计不当，例如弹力不足会使滑块稍微下滑，弹力过大会使滑块上弹，影响合模时斜拉杆准确插入滑块的导孔，降低模具寿命，一般尽量避免滑块设计在制件的上方。滑块在制件的下方或两侧模具结构较简单，特别是两侧，模具结构最简单，有时甚至可省去定位装置，因而制件上有侧抽型芯时，在确定制件在模具中的摆放位置时，首先考虑把侧型芯放在两侧，其次考虑把侧型芯放在下方，最后考虑把侧型芯放在上方。

(3) 导滑槽的长度。

导滑槽的长度不足，会使滑块导滑不平稳，特别侧抽芯机构在制件的两侧时，如果导滑槽的长度太短，侧抽完成后滑块的重心超出导滑槽，滑块就会向下偏离，如图 2－79 所示，影响滑块复位时斜拉杆准确插入滑块的导孔，降低模具寿命，因此，导滑槽必须要有足够的长度以保证侧抽完成后滑块不会偏离。一般导滑槽的长度应保证侧抽完成后滑块的 1/2 以上在导滑槽内。

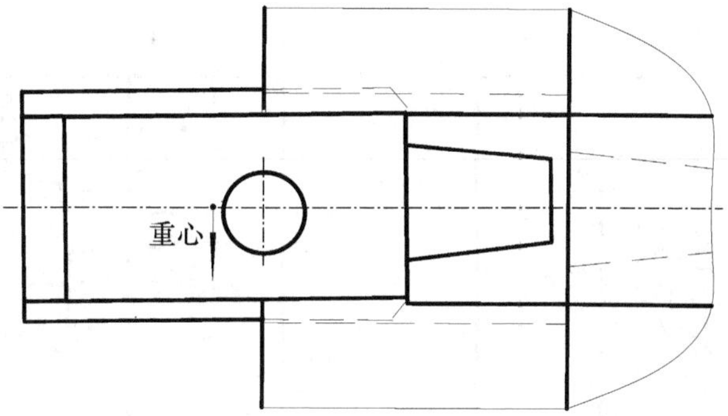

图 2-79　导滑槽的长度

(4) 滑块与型芯的拼接形式。

型芯应牢固地固定在滑块上，使型芯在成型的过程中不后退，在抽芯的过程中不会从滑块上拔脱，型芯与滑块的拼接形式如图 2-80 所示。图 2-80(a) ～ (e) 的拼接形式一般用于圆形截面的中、小型型芯；图 2-80(f) ～ (k) 的拼接形式一般用于异形截面的大型型芯。

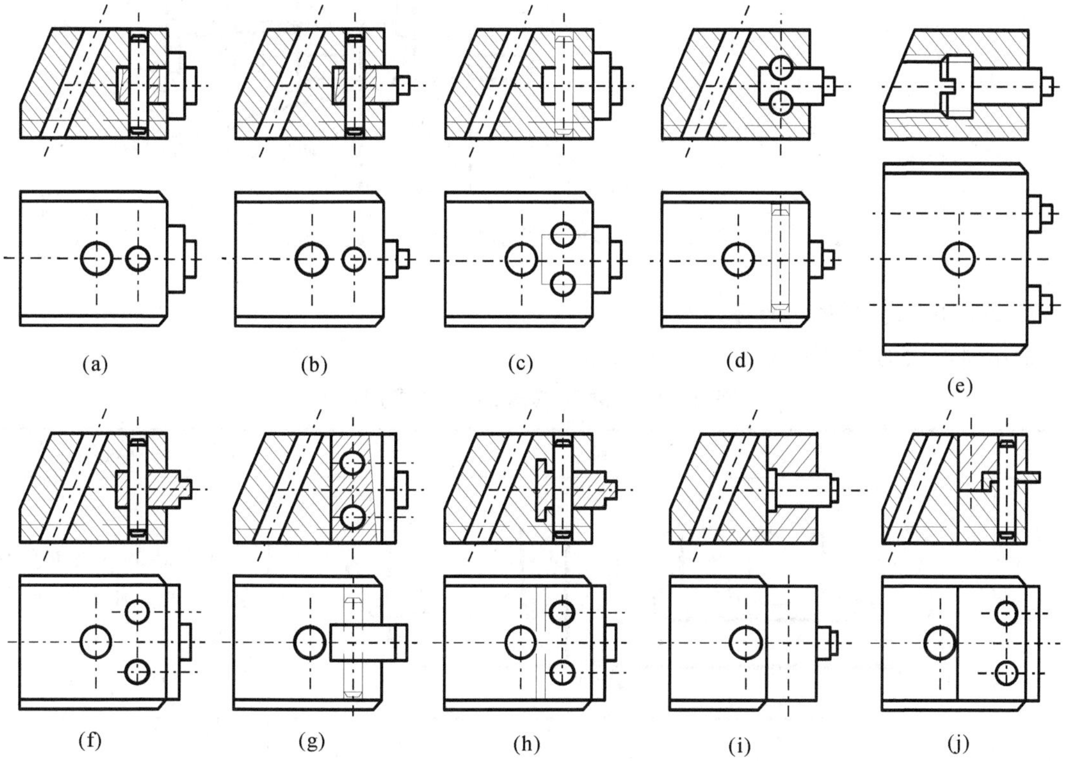

图 2-80　滑块与型芯的拼接形式

(二) 斜滑块侧抽芯机构的设计

斜滑块侧抽芯机构与斜拉杆侧抽芯机构不同之处是斜拉杆侧抽芯机构是在开型过程中完成侧抽芯，而斜滑块侧抽芯机构是在顶出过程中完成侧抽芯的。斜滑块侧抽芯机构主要由斜滑块、型芯、限位钉、顶杆等组成，如图 2－81 所示。

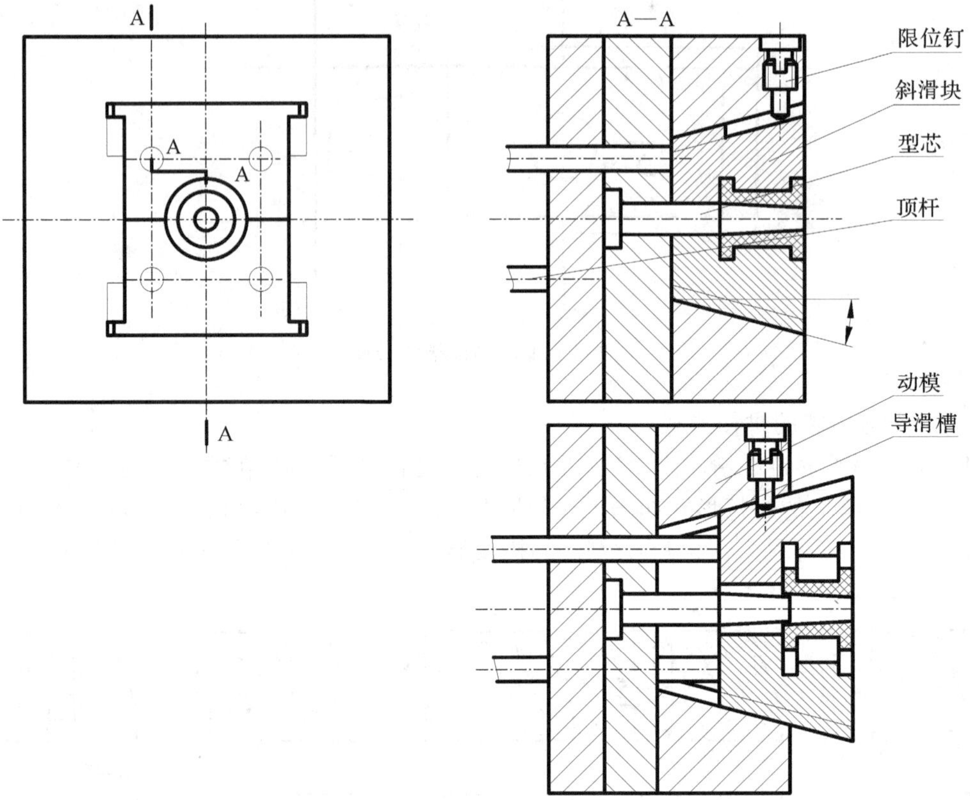

图 2－81　斜滑块侧抽芯机构的组成

1. 斜滑块侧抽芯机构的导滑形式

常用斜滑块的导滑形式如表 2－9 所示。

表 2－9　常用斜滑块的导滑形式

形 式	图　例	使用说明
T形槽	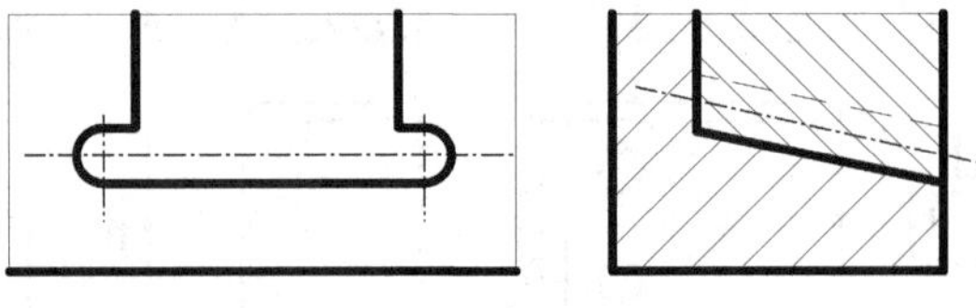	斜滑块和导滑部分是整体结构，加工简单，但整修不便
	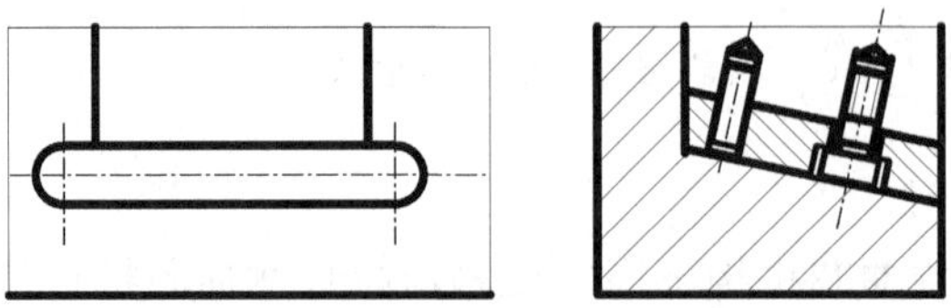	斜滑块和导滑部分分开加工，然后用螺钉和销钉连接，加工简单，整修方便

续 表

形式	图　例	使用说明
燕尾槽	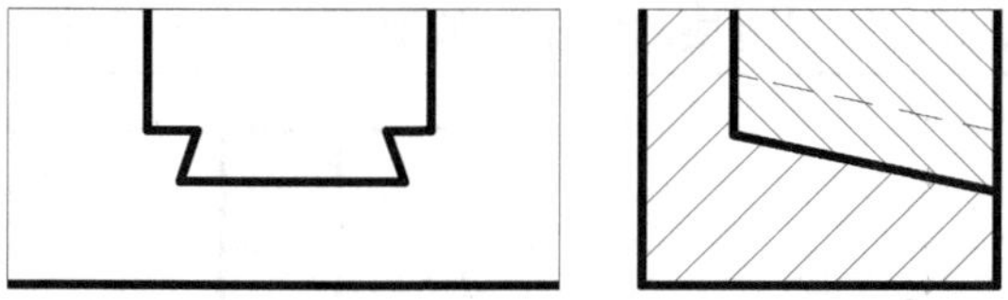	斜滑块和导滑板是整体结构，加工困难，整修不便
	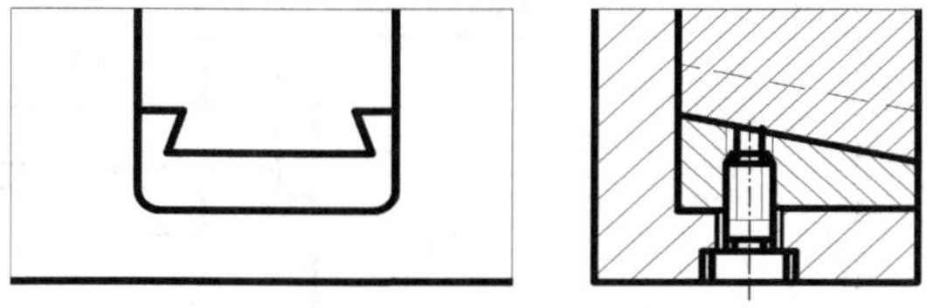	斜滑块和导滑板分开加工，然后用螺钉和销钉连接，加工简单，整修方便，使用于大型斜滑块
斜导块	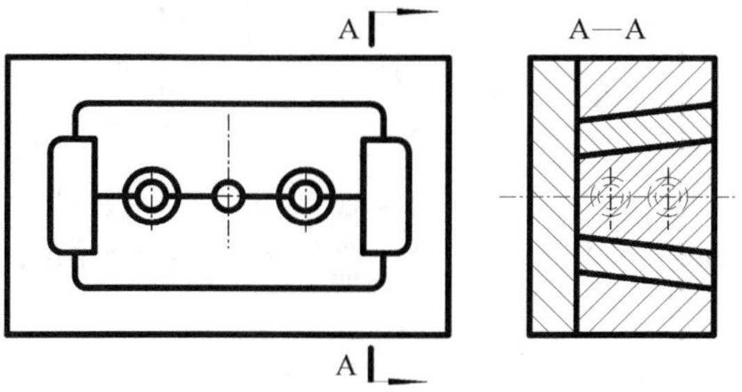	导向零件在两块斜滑块之间，结构紧凑，模体小
双斜销	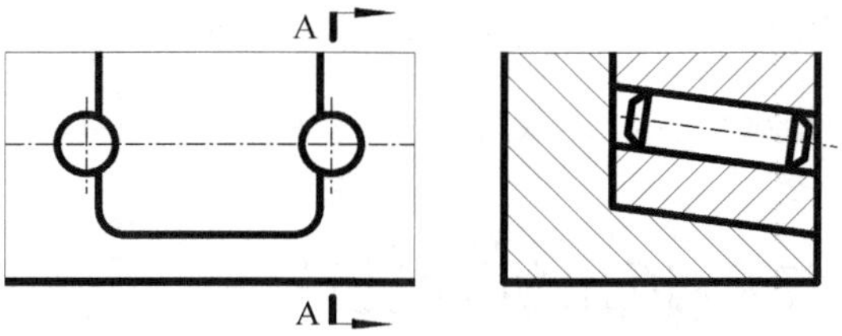	
斜拉杆	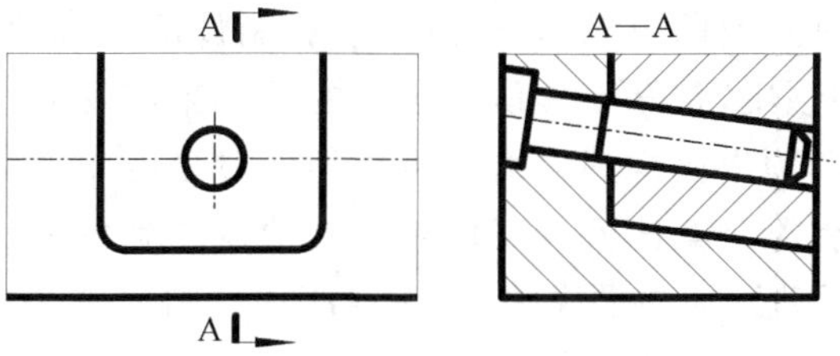	

2. 斜滑块侧抽芯机构的设计要点

(1) 斜角 α 的确定。

图 2-82 为斜滑块斜面受力分析图，由图可知

$$P=\frac{Q}{\cos\alpha} \tag{2-36}$$

式中　Q—— 抽拔力(N)；

α —— 斜滑块的斜角(°);

P —— 斜滑块斜面所受的总力(N)。

由式(2-36)可看出,随着斜角 α 增加,斜滑块斜面所受的总力增加,斜面所受总力的增加会使斜滑块的寿命降低,导滑平稳性不好,因此,斜滑块的斜角一般取 15° ~ 20°,最好不要超过 25°。

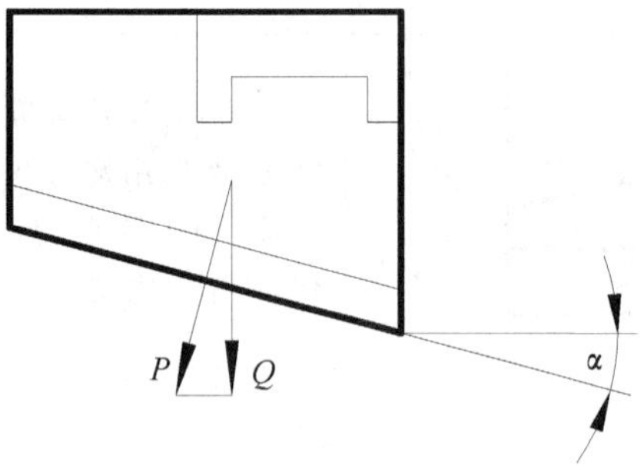

图 2-82 斜滑块斜面受力分析

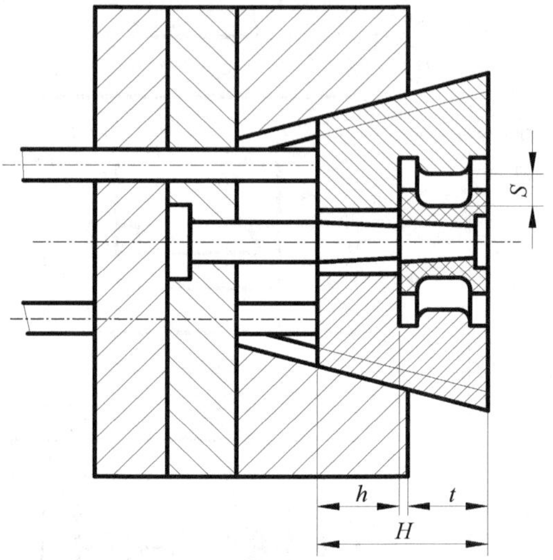

图 2-83 斜滑块推出行程的确定

(2) 斜滑块推出行程的确定。

推出斜滑块完成侧抽芯后,斜滑块必须有足够的长度仍然要在模板内,才能保证斜滑块不会向下偏离,从而保证合模时斜滑块能够平稳地回位。斜滑块的推出行程如图2-83所示。图中 H 为斜滑块的总高,t 为斜滑块推出斜伸出模板的高度,一般有 $t=\frac{1}{3}H$。

2.7 顶出机构设计

顶出机构是注射模结构中非常重要的组成部分之一,塑料制件注射成型并在模腔中冷却固化后开启模具,将制件从模体中顶出,是靠模具顶出机构的动作来实现的。概括地说,顶出机构的功能是,在任何正常情况下,顶出机构都能确实可靠地将成型的塑件从模板一侧顶出,并在合模时其相关的顶出零件确保不与其他模具零件相干扰地恢复到原来位置。所谓"确实可靠"是指顶出机构在相当长的运动周期内平稳顺畅,无卡滞现象的前提下,被顶出的塑件完整无损,没有不允许的变形,不影响塑件表面质量。

一、顶出机构的设计原则

塑件在模内冷却固化后,由于体积收缩原因而包紧成型的零件,在塑件顶出过程中,必须克服由包紧力引起的塑件对成型零件的摩擦力。塑件的包紧力的大小与成型塑件的塑料性能、塑件壁厚、包容面积及其形状、成型零件的表面粗糙度、脱模斜度以及成型工艺都有直接关系。为使塑件顺利脱模,在模具设计时,就应充分考虑这些因素。

(1) 顶出机构的运动要准确、可靠、灵活、无卡死现象，顶出零件除了有足够的强度、刚度和耐磨性外，还必须有一定的配合精度和加工精度，才能保证在很常时间的运动过程中机构平稳顺畅、无卡死现象。

(2) 开模时应使塑件留在动模一侧。注射机的顶出装置在动模一侧，故制件必须留在动模一侧，才能使制件顶出(参照分型面的确定原则)。

在实践中如果出现制件并没有留在动模侧的情况时，可设法增加动模一侧的阻力。将动模一侧的型芯的脱模斜度变小(参照拔模斜度)，或增加型芯的表面粗糙度，或者在不影响制件使用的前提下，在型芯侧面人为地开设横凹槽、凹窝等脱模障碍，以增大动模的阻力。在特殊情况下必须使塑件留在定模时可采用定模顶出机构。

(3) 保证在顶出过程中制件不变形。在设计时要正确估计制件对模具黏附力的大小和所在位置，合理地设置顶出部位，使顶出力能均匀合理地分布，要让塑件能平稳地从模具中脱出而不会产生变形。顶出力中大部分是用来克服因塑料收缩而产生的包紧力，这个力的大小与塑料品种、性能以及塑件的几何形状复杂程度，型腔深度、壁厚还有模具温度、顶出时间、脱模斜度、模具成型零件的表面粗糙度等因素有关，其影响因素较为复杂，很难准确地进行计算。一般原则是塑料收缩率越大，塑件壁越厚，型芯尺寸越大，形状越复杂，型腔深度越深，脱模斜度越小，模具温度越低，冷却时间越长，成型零件表面租糙度越大，其对模具的包紧力就越大，此时就应选择顶出力较大的顶出方式。

(4) 避免顶出损伤制件。顶出装置力求均匀分布，顶出力作用点应在制件承受顶出力最大的部位，即不易变形或损伤的部位，尽量避免顶出力作用于最薄的部位，或顶杆的分布应尽量靠近型芯(因型芯处包紧力最大)，且顶出面积应尽可能大，以防塑件被顶坏。

(5) 应保证制件的外观质量，制件在成型顶出后，一般都留有顶出痕迹，但应尽量使顶出的残留痕迹不影响制件的外观，这是在选择顶出形式和顶出位置时必须要考虑到的问题。一般顶出机构应设置在制件的内表面以及不显眼的位置。

(6) 若顶出部位需设在制件使用或装配的基准面上时，为不影响制件尺寸和使用，一般使顶杆与制件接触部位处凹进塑件 0.1 mm 左右，而顶出杆端面则应高于基准面，否则制件表面会出现凸起，影响基准面的平整和外观。

二、顶出机构的分类

顶出机构按驱动方式可分为：

(1) 手动顶出。手动顶出是指当模具分型后，用人工操纵顶出机构(如手动杠杆)取出制件。对一些不带孔的扁平制件，由于它与模具的黏附力不大，在模具结构上可不设顶出机构，而直接用手或钳子夹出制件。使用这种顶出方式时，工人的劳动强度大，生产效率低，并且顶出力受人力限制，不能很大。但是顶出动作平稳，对制件无撞击，脱模后制件不易变形，而且操作安全。在大批量生产中不宜采用这种脱模方式。

(2) 机动顶出。利用注射机的开模动力，分型后制件随动模一起移动，达到一定位置时，脱模机构被机床上固定不动的顶杆顶住，不再随动模移动，此时顶出机构动作，把制件从动模上脱下来。这种顶出方式具有生产效率高，工人劳动强度低且顶出力大等优点，但对制件会产生撞击。

(3) 液压或气动顶出。在注射机上专门设有顶出油缸，由它带动顶出机构实现顶出，或设有专门的气源和气路，通过型腔里微小的顶出气孔，靠压缩空气吹出制件。这两种顶出方式的顶出力可以控制，气动顶出时制件上还不留顶出痕迹，但需要增设专门的液动或气动装置。

(4) 脱螺纹顶出。带螺纹塑制件的顶出机构成型带螺纹的制件时，脱模前需靠专门的旋转机构先将螺纹型芯或型环旋离制件，然后再将制件从动模上顶下。脱螺纹机构也有手动和机动两种方式。

按模具结构顶出机构又可分为：一次顶出、二次顶出、特殊顶出等。

三、顶出机构的设计

(一) 一次顶出机构的设计

塑件在顶出零件的作用下，通过一次顶出动作，就能将制件全部脱出。这种类型的脱模机构即为简单脱模机构，也称为一次顶出机构，它是最常见的，也是应用最广的一种脱模机构。一般有顶杆顶出机构、顶管顶出机构、顶板顶出机构、特殊顶出机构几种形式。

1. 顶杆顶出机构

(1) 顶杆顶出机构的动作原理及组成。

顶杆顶出机构如图2-84所示。它是最典型、最简单的顶出机构，结构简单，制造容易且维修方便，由顶杆、支承钉、拉料杆，导套、导杆、复位杆、顶杆垫板、顶杆固定板组成。顶杆、拉料杆、复位杆都装在顶杆固定板上，然后用螺钉将顶杆固定板和顶杆垫板连接固定成一个整体，当模具打开并达到一定距离后，注射机上的机床顶杆将模具的顶出机构顶住，使其停止随动模一起继续移动，而动模部分还在继续移动，从而使顶出机构与动模部分产生相对运动，于是制件连同浇注系统一起从动模中脱出。合模时，复位杆首先与定模分型面相接触，使顶出机构与动模产生相反方向的相对移动。模具完全闭合后，顶出机构便回复到了初始的位置(由支承钉保证最终停止位置)。

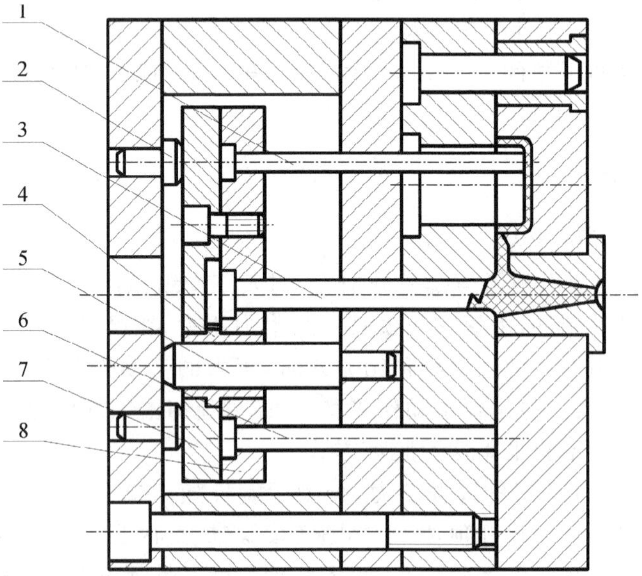

图2-84 顶杆顶出机构

1—顶杆；2—支承钉；3—拉料杆；4—导套；5—导杆；6—复位杆；7—顶杆垫板；8—顶杆固定板

(2) 顶杆的设计。

1) 顶杆的结构形式。顶杆的结构形式如图 2－85 所示，大体分为整体式和组合式。图 2－85(a) 是直圆柱形顶杆，是最常用的一种；当顶杆断面尺寸较小时，可采用尾部加粗的方法即阶梯形顶杆，如图 2－85(b)、(c) 所示，以提高顶杆的强度和刚度；图 2－85(d) 是直圆柱形顶杆改动而成的半圆形顶杆；当顶杆断面尺寸很小时，为便于加工，可采用图 2－85(e) 铆合的方式或图 2-85(f) 焊合的方式，将细长的顶杆头部组合在页杆尾部；图 2-85(g) 是盘形顶杆的另一种结构形式。

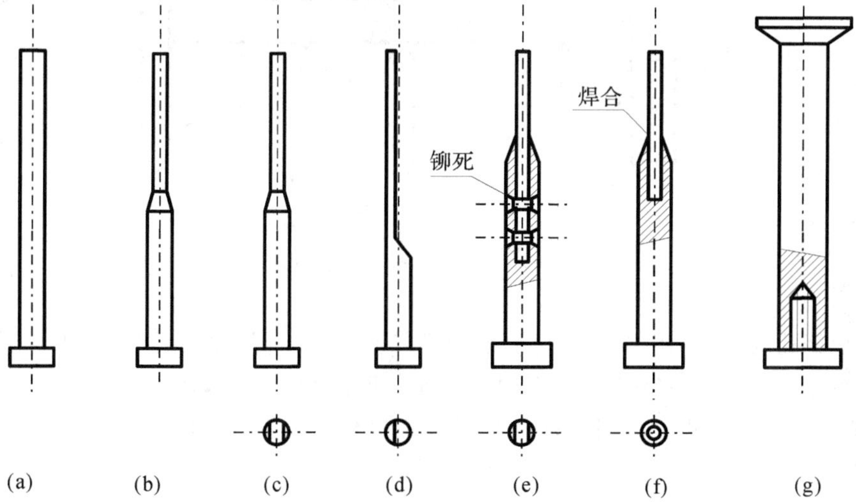

图 2－85　顶杆的结构形式

2) 顶杆的固定方式。顶杆的固定方式如图 2-86 所示。图 2-86(a) 是最常用的一种结构形式。当顶杆直径较小或相互距离较近时，可采用图 2－86(b) 在顶杆底部铆合的方式。图 2－86(c)、(d) 采用螺纹连接紧固的方法。图 2-86(e) 是另一种铆合方式。图 2-86(f) 是采用在尾部用螺塞紧固的方式。后三种固定方式都省去了顶杆垫板，多在小型模具中采用。

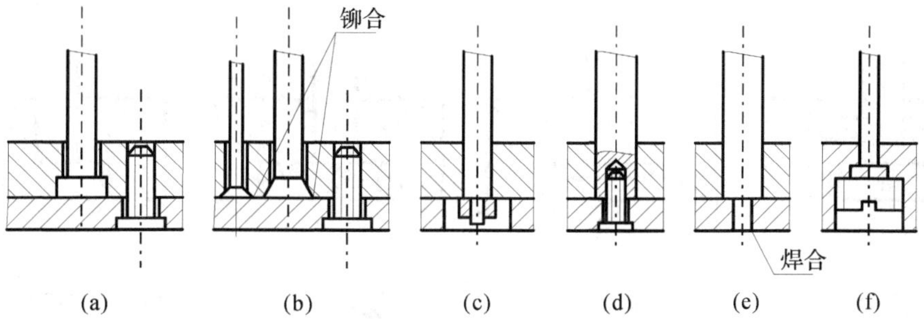

图 2－86　顶杆的固定方式

比较起来，图 2－86(a) 的固定方式是较为理想的。从图中可以看出，除配合部分外，其余部分都有 0.5 mm 的单边间隙；一部分是为了排气需要外，其余都是为了防止在做模时产生的孔距误差，引起组装后产生憋劲的现象。给顶杆底部固定部分以较大的自由度，调正位置并定心自如后再用螺栓紧固。其余的固定方法都没有窜动定心的条件。

3）顶杆与顶杆孔的配合。图2-87是顶杆与顶杆孔的配合精度。d是顶杆头部直径，它与顶杆孔的配合精度为d(H8/f8～H9/f9)，其配合长度L一般为直径d的2～3倍时，大直径顶杆L取1.5倍的直径。$D \approx d+(4\sim6)$ mm。配合部分设有90°的导入口，以便于装配。

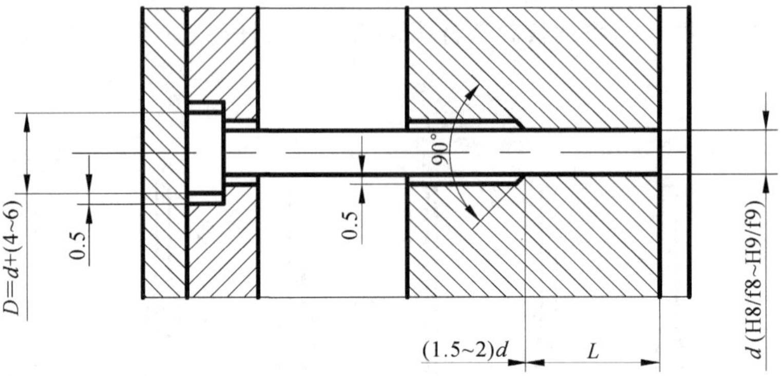

图2-87　顶杆的配合精度

顶杆与顶杆孔的配合间隙在成型过程中起排气作用，配合间隙大，排气效果好，但对于流动性好的材料易产生飞边，在实际生产中往往先把配合间隙给小一些，在试模后再根据情况调大。

4）顶杆的材料及热处理。顶杆的材料一般取高碳钢，或45钢，头部要淬火，硬度应达到45～50HRC。

5）顶杆的的止转。当顶杆的顶出面有一定形状时，顶杆在顶出过程中不能旋转，故应在顶杆上设有止转装置，顶杆的的止转装置如图2-88所示。图2-88(a)止转销钉设置在顶杆后端，顶杆固定板上有相应通槽，装入后使之定位止转 。且顶杆在孔内能有少量轴向及径向活动，顶杆固定板上有相应通槽，装配方便。图2-88(b)顶杆仅能顺着键、销轴线方向活动。键可为方形止转键，也可用圆柱销，长槽开设在顶杆尾部台阶的端面上，长槽可以过中心，也可以不过中心。图2-88(c)止转销设置在顶杆尾端，顶杆固定板为不通孔槽，加工比图2-88(a)形式简单。图2-88(d)一般有使顶杆偏往圆柱相对方向的趋势。

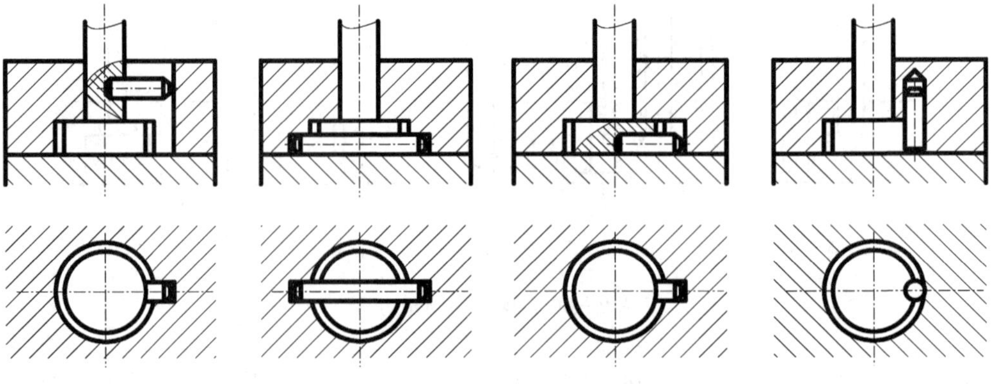

(a)　(b)　(c)　(d)

图2-88　顶杆的止转形式

(3) 复位装置。

顶出机构顶出制件后，为进行下次循环，它必须回复到原始位置。目前常用的复位形式主要有复位杆复位、弹簧复位和液压复位装置。

1) 复位杆复位。复位杆的形式一般为如图 2-85(a) 所示，固定形式一般为如图 2-86(a) 所示。除顶板顶出机构外，其他顶出形式一般均需设复位装置。这是因为顶杆或顶管顶制件后，相对动模已经前移了一个距离。在合模后单靠定模板的推顶无法使顶杆或顶管回复到初始位置(定模板上的型腔端面与动模上的型芯端面之间存在着相当于塑件壁厚的空间)，而且还可能碰伤模具型腔，必须另设复位装置。复位杆也叫回程杆或反顶杆。模具闭合后，它的端面刚好和分型面齐平，它与顶杆一起固定在顶出板上。实现顶出后，复位杆的位置就高出分型面了。模具闭合后，定模板端面推顶复位杆连同整个顶出装置一起回归原位。复位杆一般设 2～4 根，其位置在模具型腔和浇住系统的范围之外，由于每闭模一次，复位杆端面都要和定模板发生一次碰撞，为了避免变形，复位杆端部和其相接触的定模部分都应淬火或在定模板的相应位置镶嵌淬火镶块。若生产批量不大或对塑件尺寸精度要求不高时，复位杆淬火即可，而定模板可不淬火，淬火硬度与顶杆相同。配合精度与配合部分的长度顶杆相同。

2) 弹簧复位。当用复位杆复位装置时，在复位过程中侧抽型芯与顶杆之间发生互相干涉时，复位装置必须采用先复位装置，即弹簧复位或液压复位装置。弹簧复位装置如图 2-89 所示。图 2-89(a) 是弹簧直接装在顶杆上，图 2-89(b) 是弹簧装在专用的导杆上。弹簧复位也是脱模机构的简单复位方式。弹簧装在顶出板与动模垫板之间，顶出塑件时，弹簧被压缩。合模时，只要注射机的顶杆一离开模具顶出限，弹簧的弹力就将顶出机构弹回原位。这点与复位杆复位不同。使用复位杆时必须等到复位杆与定模板相接触时，才能起复位作用，也只有当模具完全闭合时，复位动作才全部完成。

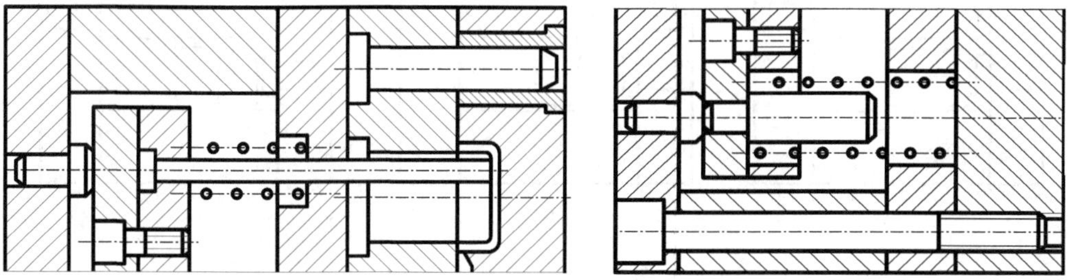

(a)　　(b)

图 2-89　弹簧复位装置

3) 液压复位。液压复位装置也是一种先复位装置，液压复位装置如图 2-90 所示。图中安装在顶杆板压板上的拉杆与液压系统相连，它与弹簧复位的不同之处在于顶出制件后未合模前靠安装在机床动模板上的独立液压系统完成复位。

(4) 导向装置。

为了保证顶出机构在很长时间的运动过程中机构平稳顺畅、无卡死现象，应在顶出机构中设置导向装置，特别在卧式注射模中。导向装置如图 2-91 所示。图 2-91(a)、(b) 导向效果基本相同，一般用于中小型顶出机构，图 2-91(c) 导向效果较好，一般用于大型顶出机构。导向零件不应少于两个，对于大型顶出机构，导向零件应设置四个，布置时要尽量对称并靠近板边。顶出机构的导向零件的设计要求模具结构中导向零件的设计要求相同。

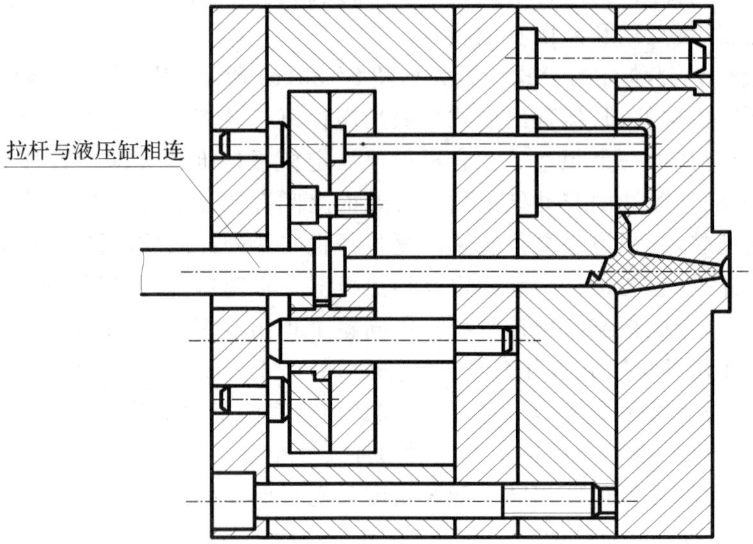

图 2-90　液压复位装置

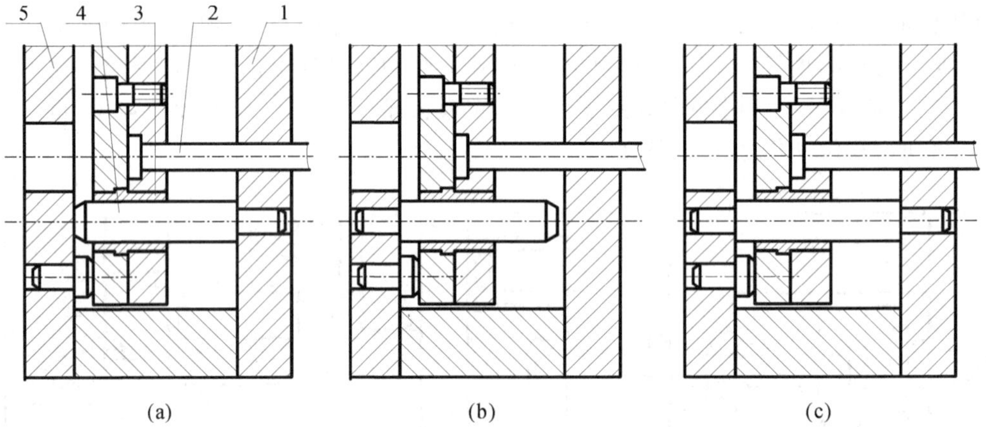

图 2-91　导向装置

1— 动模垫板；2— 顶杆；3— 导套；4— 导杆；5— 动模安装板

2. 顶管顶出机构

顶管又称为推管或空心顶杆，它适用于薄壁圆环形状制件的顶出，顶管顶出机构的特点是推顶制件平稳可靠，由于顶管整个周边接触制件，故制件受力均匀，顶出时既不易产生变形也不会留下明显的顶出痕迹，型芯和型腔可以同时设计在动模一边，有利于提高塑件的同心度。顶管顶出机构一般有以下三种形式。

(1) 型芯固定在动模底板上，如图 2-92 所示。型芯穿过顶出板而固定在动模底板上。型芯的固定形式很多，它可以是如图 2-92(a) 所示用凸肩固定，但须后加一块挡板，也可以是如图 2-92(b) 所示用螺塞将其固定，或用如图 2-92(c) 所示将型芯插入底板，再用内六角螺钉将其固定。为了缩短型芯与顶管的配合长度以减少摩擦，可将顶管配合孔的后半段直径加大。这种机构一般用于模具为一模多腔、机床为中心顶出、型芯较粗、型芯长度不是很长的顶管顶出机构。

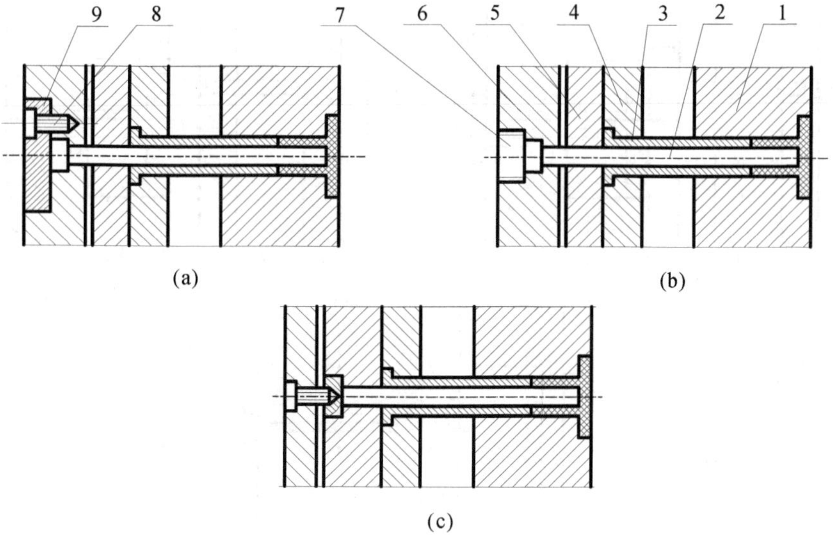

图 2-92　型芯固定在动模底板上的顶管顶出机构

1— 动模；2— 型芯；3— 顶管；4— 顶管安装板；5— 顶杆板垫板；6— 动模底板；7— 螺塞；8— 挡板；9— 螺钉

(2) 型芯采用方销固定，如图 2-93 所示。型芯做得较短，用方销固定在动模或动模垫板上，顶管上开有比固定销略宽的长槽，结构较为紧凑。但对型芯的紧固力较小，只适用于直径较小的型芯。

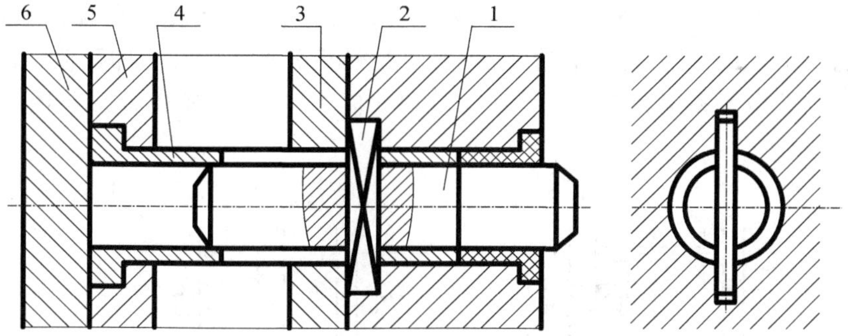

图 2-93　型芯采用方销固定的顶管顶出机构

1— 型芯；2— 方销；3— 动模垫板；4— 顶管；5— 顶杆安装板；6— 顶杆板垫板

(3) 型芯固定在动模板上，如图 2-94 所示。这种结构是将型芯固定在动模板上，顶管的凸肩直径很大，顶杆与顶管的凸肩相接，在顶出过程中顶杆顶着顶管，顶管顶着制件将其从型腔中顶出。此结构可使顶管和型芯的长度大大缩短，便于加工，使用寿命长。但型腔板的厚度相应增加，顶出精度较差。一般在局部顶出时应用较广泛。

图 2-94(a) 是将型芯固定在型芯固定板上，固定板镶在型腔板内压紧。图 2-94(b) 是将型芯固定在型芯固定板上，连接在型腔板和动模垫板之间可减少型腔板的厚度。图 2-94(c) 是用螺钉将型芯固定在动模垫板上，为了增加型芯的强度，型芯底部可做的大一些。

顶管顶出机构的其他组成部件与顶杆顶出机构相同，只是把顶杆换成了顶管而已。

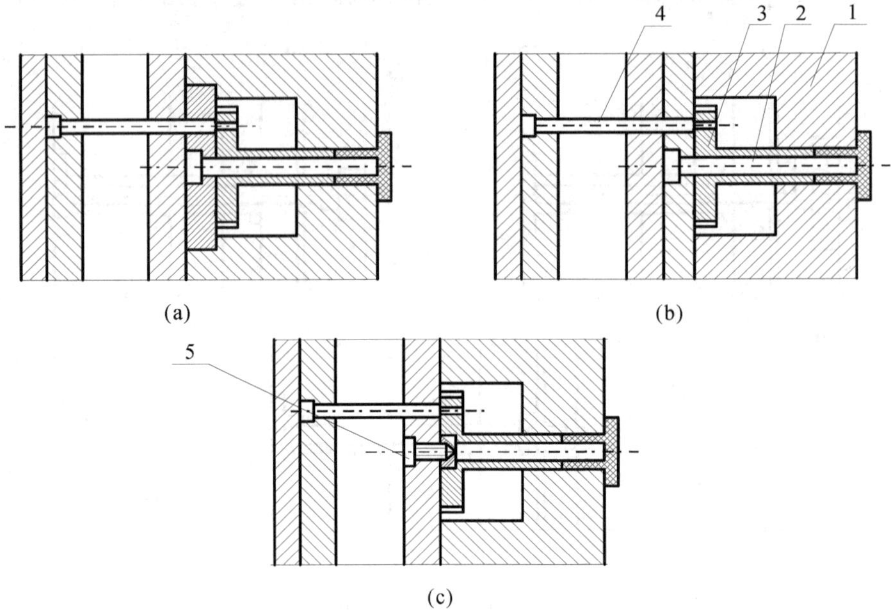

图 2-94 型芯固定在动模板上的顶管顶出机构

1— 动模;2— 型芯;3— 顶管;4— 顶杆;5— 螺钉

3. 顶板顶出机构

如图 2-95 所示的顶出机构适用于筒形制件、薄壁容器以及各种罩壳形制件的脱模顶出,其主要特点是顶出力均匀、平稳、顶出力大,制件不易变形,而且表面不留顶出痕迹,结构也比顶管脱模机构简单,不需设置复位装置,合模时靠定模板分型面的推力即可使顶出机构复位。这种结构的缺点是型腔和型芯需分别设在定模和动模上,成型出塑件外形与内孔间的同心度较低。

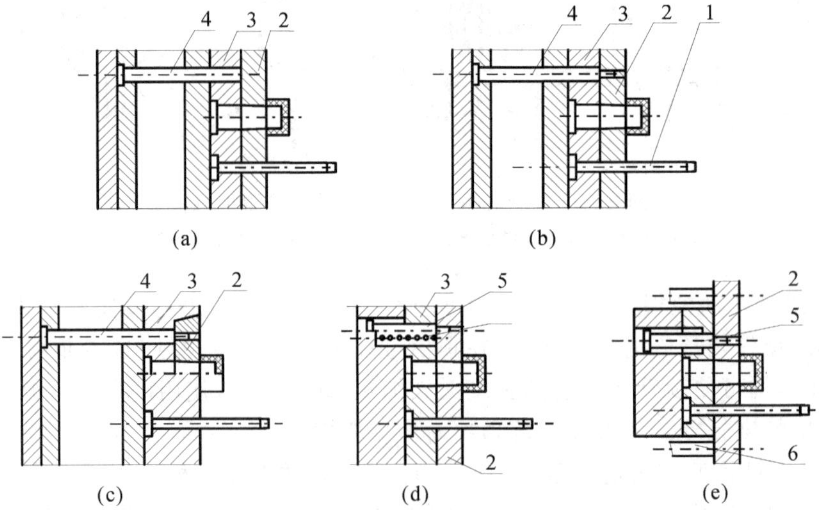

图 2-95 顶板顶出的结构形式

1— 导柱;2— 顶板;3— 动模;4— 顶杆;5— 限位钉;6— 机床顶杆

(1) 顶板顶出的结构形式。常用顶板顶出的结构形式如图2-95所示。

图2-95(a)是推杆推动推件板,把制件从型芯上顶出。采用这种结构形式时,应将动、定模的导柱安装在动模一侧,它同时起推件板的导向作用。但要控制推杆的顶出距离,以防推件板脱落。

图2-95(b)是将推杆用螺纹安装在推件板上,并起定距杆的作用,防止推件板脱落。为避免螺纹松动,最好安装弹簧、垫圈较为可靠。

图2-95(c)的特点是推件板隐入动模板内部,模具结构紧凑。推件板用斜面形式与动模板相接,起推件板辅助定位的作用,同时避免了相对移动而相互损伤。这种情况推杆还起推件板导向作用。当塑件的脱模力不大或顶出距离不大时,可采用图2-95(d)的结构形式,靠弹簧的弹力作用,推出制件。限位杆控制顶出距离。

图2-95(e)是利用注射机两侧的顶杆,推动推件板的。用在注射机具有两侧顶出的形式,而且其跨度不特别大的场合。这时推件板的长度应设计得足够长,以两侧顶杆能顶上为原则。

(2) 顶板与型芯的配合形式。顶板与型芯的配合形式如图2-96所示。

图2-96(a)是常用的配合形式。推件板孔边与型芯周边有单边0.2～0.5 mm的间隙,其根部采用5°左右的斜面相配,起推件板复位时定位作用。对型芯的脱模斜度较小,而塑件厚度δ较薄的高腔制件,宜采用图2-96(b)的配合形式。当型芯的脱模斜度大于30°时,图2-96(c)是一种较好的配合形式。推件板与型芯的脱模斜度一致,结构简单,便于加工,推件板的定位效果很好。

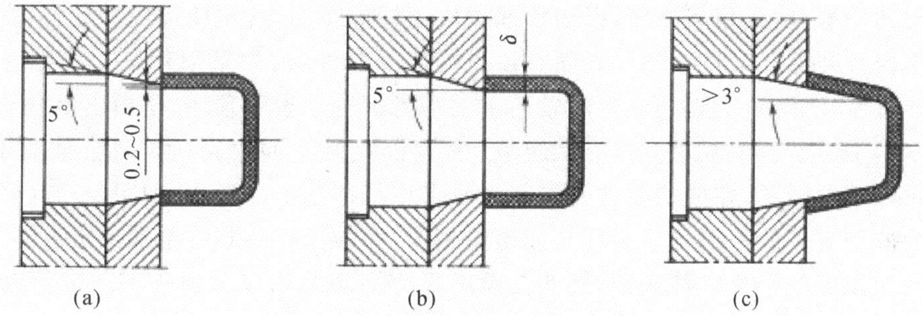

图2-96　顶板与型芯的配合形式

以上的几种配合形式,如果导向零件的导向效果好,推件板在移动时基本不与型芯接触。

(3) 顶板顶出设计要点。

1) 推动顶板的推杆应以顶出力为中心均匀分布,以使顶板受力平衡,平行移动。推杆也兼起顶板的导向作用,这种情况,应尽量加大顶杆的直径,增加推杆的强度和刚度,同时应采用H7/f7的配合精度,以获得导向的可靠性。

2) 顶板与型芯应采用(H8/f8)的间隙配合,即单边配合间隙不大于所用塑料的溢边值,既不产生溢料飞边,又有较好的定位作用。

3) 推件板的顶出距离不得大于导柱的有效导向长度。

4) 推件板的配合部分应做淬硬处理。一般情况下,采用局部组合形式,将淬硬的镶嵌件组合在推件板上。

4. 特殊顶出机构

(1) 成型块顶出。

对平面度要求较高的平板状塑件或表面不允许有顶出痕迹的塑件,可采用成型块顶出的结构形式。它的特点是成型块推顶整个制件，除了顶出力均衡顶出面积大，塑件不易变形外，在制作上也较为方便。

成型块顶出的基本形式如图 2－97 所示。

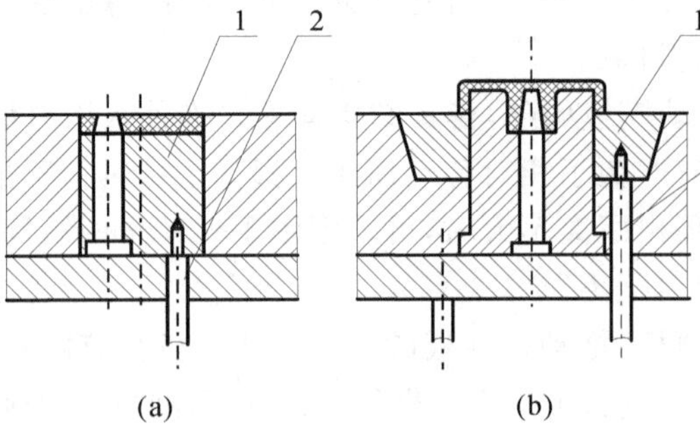

图 2－97　成型块顶出

1— 成型块；2— 顶杆

图 2－97(a) 是平面度要求较高的塑件。为满足这个要求，采用成型块顶出形式。成型块淬硬后，做平面精加工处理，再装入模框。成型块与模框采用 H8/f8 的配合精度，即使成型块既能移动灵活，又不产生溢料现象为前提。成型块应设计的稍厚一些，即在顶出最大高度时，顶块仍不脱离模框，防止相互碰撞，损伤模框端口顶杆应布局均衡，使顶块移动平稳。

当制作成型外形复杂且不允许表面有顶出痕迹的制件时，如果用顶板顶出则合模沿口由于形状复杂而难于加工。这时可在形状较简单的地方部分地设置顶块，使顶出机构比较简单。如图 2－97(b) 所示就是在制件直线形状的两个侧面设置顶块，同样可达到理想的顶出效果。

根据具体情况需要，在成型零件的局部也可采用局部顶出的形式，如图 2－97(c) 所示就是使顶块作为成型零件的一部分。顶杆与成型块相连，并与顶杆一起将制件顶出。

采用顶块顶出的形式多种多样，例如在顶出式侧抽芯结构以及模外手动取活动型芯等形式都属于成型块顶出的范畴。

(2) 强制顶出。

有些制件在内侧面或外侧面，如果带有较浅的凸凹形的环或槽，可以利用塑料的弹性，在不损伤塑件表面的前提下，利用塑件的弹性胀缩，强制地将凸凹部分顶出。所谓较浅就是说，在采用强制顶出时，制件凸凹处的深度及其相关尺寸是有一定限制的。

图 2－98 是强制顶出的计算图。

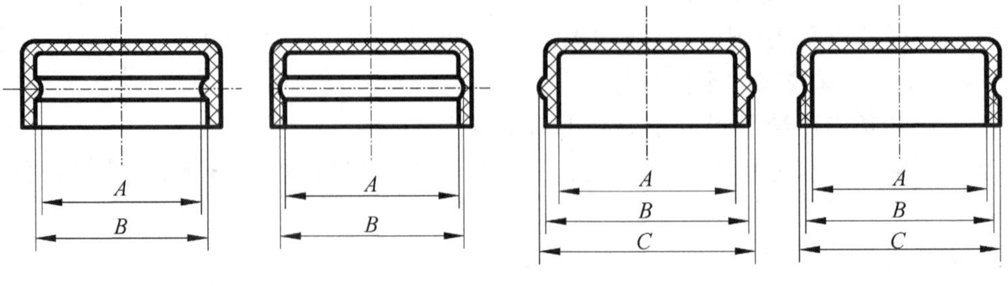

图 2－98　强制顶出计算图

图 2-98(a) 为内孔带凸凹槽的结构形式，它的计算公式为：

$$\frac{B-A}{A}<\delta \tag{2-37}$$

式中　B——凸凹槽外径(mm)；

A——凸凹槽内径(mm)；

δ——塑料的延伸率(%)。

图 2-98(b) 是外侧带凸凹槽的结构形式，其计算公式为：

$$\frac{C-B}{A}<\delta \tag{2-38}$$

式中　C——凸凹槽外径(mm)；

B——凸凹槽内径(mm)；

A——塑件内径(mm)；

δ——塑料的延伸率(%)。

可以看出，式中的计算值只有小于成型塑料的延伸率时，才可以采用强制顶出的方法。常用塑料的延伸率如表 2-10 所示，仅供参考。

表 2-10　塑料的延伸率

塑料	低密度聚乙烯	高密度聚乙烯	聚丙烯	聚苯乙烯	聚酰胺	聚碳酸酯	ABS	AS
δ(%)	21	6	5	2	9	2	8	2

上述计算是采用强制顶出的基本条件。强制顶出的基本形式如图 2-99 所示。但是为了保证能可靠顺利地达到强制顶出的目的，还必须在模具结构上，保证强制顶出前，与凸凹模对应的成型零件先行脱模，以消除强制顶出障碍。

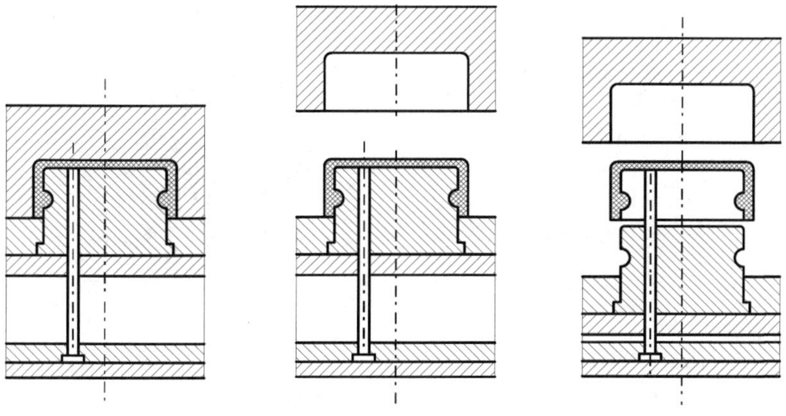

图 2-99　强制顶出过程

5. 组合顶出机构

根据塑件的实际状况，往往有时只用一种顶出形式满足不了顶出的需要，必须采用两种以上的顶出形式配合顶出，即组合顶出形式。组合顶出形式中，有一种是主要顶出形式，其余为局部的辅助顶出。常见的组合顶出形式如图 2-100 所示。

图 2-100(a) 是顶杆和顶管组合顶出的实例，即当塑件内部有深筒状凸台，且脱模斜度较小时，采用以顶杆为主顶出周边，以顶管为辅，顶出局部凸台的顶出形式。

图 2-100(b) 是顶杆与推件板的组合顶出实例。它是以顶板为主，矩形顶杆为辅的顶出形式。矩形顶杆的作用是顶出局部深而窄的立墙，克服因局部脱模阻力大而引起的塑件变形或损伤。

图 2-100(c) 是推件板与顶管的组合顶出实例。它是以顶板为主顶管为辅的顶出方式，是较为可靠的顶出结构。

图 2-100(d) 是内侧壁带凹组合顶出机构槽的塑件。采用顶杆和顶块组合顶出的形式。以顶杆为主要顶出形式，顶块除随顶杆一起将凹槽部分顶出外，还与顶杆同时将塑件顶出。顶出过程结束后，用手工将塑件取下。

图 2-100(e) 是推件板、顶管和顶杆组合顶出的实例。由于塑件壁薄，采用推件板顶出是十分合适的。但由于塑件内部带有较深的凸座和深而窄的立墙，只用推件很难将它们顶出，因此在采用推件板顶出周边的同时，局部采用顶管和矩形顶杆的联合顶出形式，安全可靠地将塑件完全顶出。

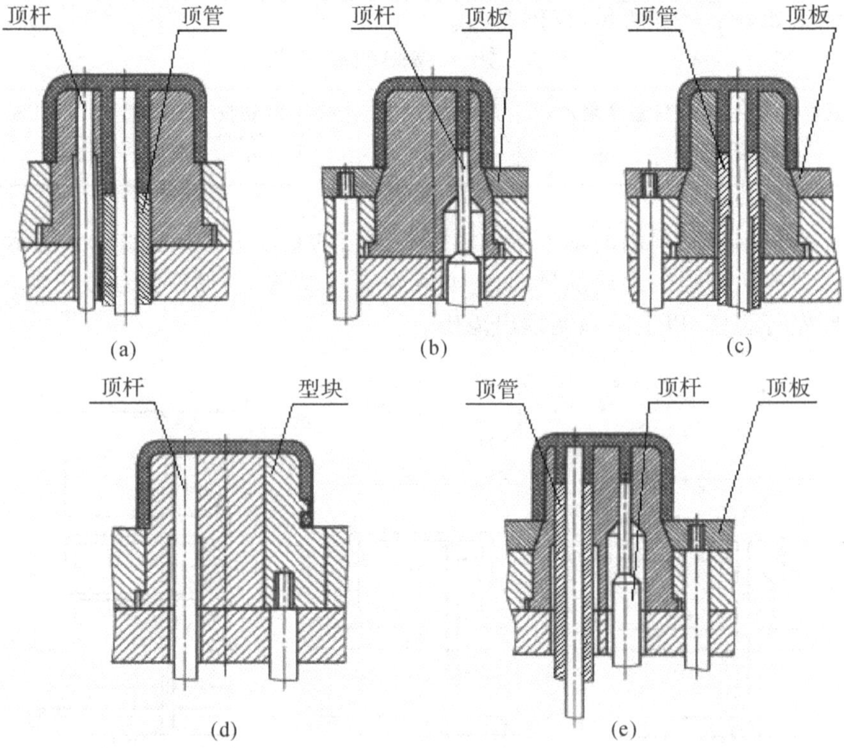

图 2-100　组合顶出机构

（二）二次顶出机构的设计

一般的制件从模具型腔中顶出时，无论是采用单一的顶出元件（顶杆、顶管或推板），还是采用多元件联合顶出，其顶出动作都是一次完成的。但有时由于制件的特殊形状或生产自动化的需要（使塑件自行坠落），在一次顶出动作之后，制件仍然难于从型腔中取出或者塑件不能自动坠落，如图 2-101(a) 所示模具结构中，必须先使制件脱出型芯后，才可以进行强制脱模动作，否则，在图 2-101(a) 的状态下，制件被夹在活块与型芯之间，如果这时进行强制脱模，必然会损伤型腔和使制件遭到破坏。此时就必须再增加一次顶出动作，才能将制件顶出模外。这类形式的顶出机构就称为二次顶出机构或二级顶出机构。

图 2-101 的强制顶出机构中，顶出开始时，顶杆和顶杆将活块和制件同时顶起，使制件脱离型芯，打开制件的弹性空间，如图 2-101(b) 所示。继续顶出时，在二次顶出机构的控制下，活块停止移动，而顶杆则继续工作，将制件强制顶出，如图 2-101(c) 所示。这种结构的制件必须用二次顶出才能顺利地达到强制顶出的目的。

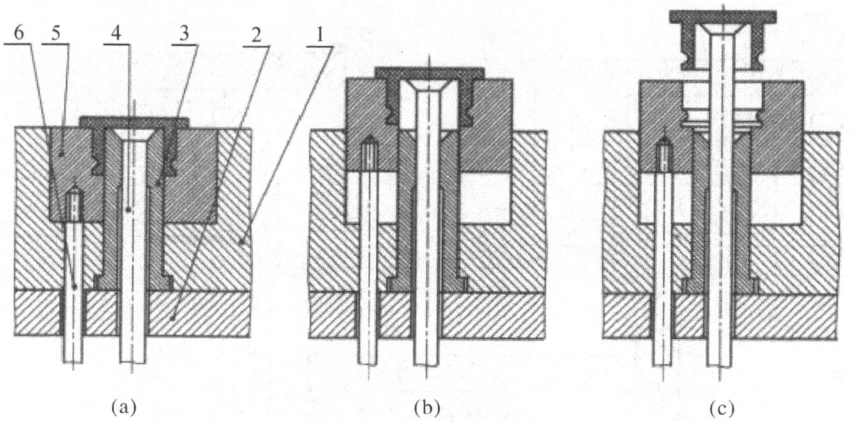

图 2-101　二次顶出机构

1— 动模；2— 动模垫板；3— 型芯；4— 顶杆；5— 活块；6— 顶杆

二次顶出机构的形式很多，下面介绍几种结构形式。

(1) 弹簧式二次顶出机构。如图 2-102 所示。开模时机床顶杆顶动顶杆板垫板，由于强力弹簧的作用使顶管与顶杆同时顶动塑件，完成第一次脱模，塑件从型腔中脱出，当座板碰到动模垫板时，顶管停止运动，顶出板带动顶杆 1 继续顶出，将塑件从型芯(即顶管) 上脱下，完成二次顶出(图 2-102(b))。

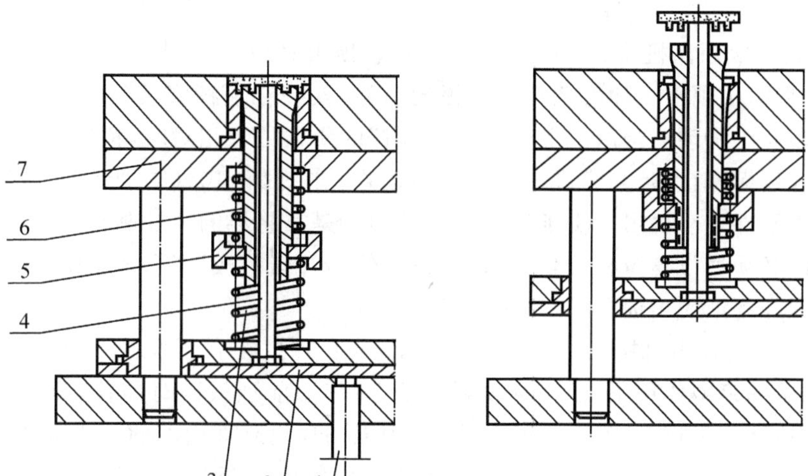

图 2-102　弹簧式二次顶出机构

1— 机床顶杆；2— 顶杆板垫板；3— 弹簧；4— 顶杆；5— 限位块；6— 顶管；7— 动模垫板

(2) 滑楔式二次顶出机构，如图 2-103 所示。将顶杆 4 和顶杆 5 分别装入前后两组顶杆安装板上。顶出时，在斜滑楔 8 的作用下，前顶杆安装板 6 与后顶杆安装板同时前移，顶板 2 与顶杆 5 同时将制件顶出型芯 1；当斜滑楔 8 脱离导板 7 的约束后，向外侧移动，并离开斜面顶杆 10，使前顶杆安装板 6、顶杆 4、顶板 2 停止移动，如图 2-103(b) 所示。后顶杆安装板则继续带动顶杆 5 将制件完全顶出。

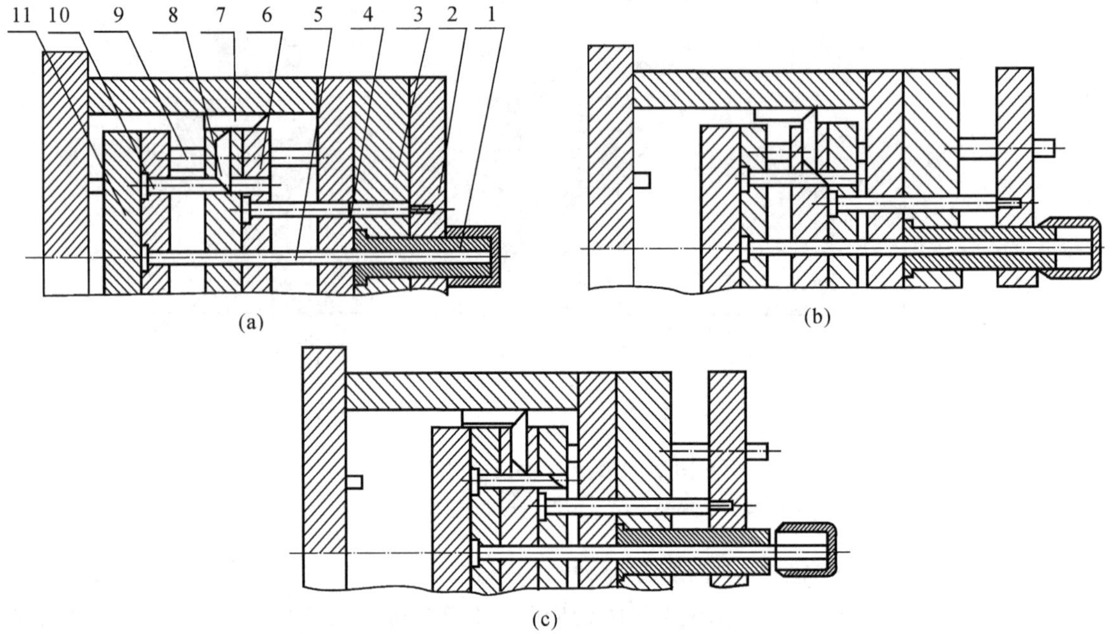

图 2-103 滑楔式二次顶出机构

1— 型芯；2— 顶板；3— 动模；4— 顶杆；5— 顶杆；6— 前顶杆安装板；7— 导板；8— 斜滑楔；9— 复位杆；10— 斜面顶杆；11— 后顶杆安装板

(3) 滑块式二次顶出机构，如图 2-104 所示。顶出时，顶杆安装板推动顶杆、顶板与顶杆共同将制件从型芯中顶出。随着顶杆安装板的前移，安装在顶杆安装板上的滑块在导板的斜面作用下，逐渐向内移动。当滑块上的通孔与顶杆的所在位置相对时，顶杆落入通孔中失去顶杆的顶出力，故顶板停止移动，完成第一次顶出动作，如图 2-104(b) 所示。顶杆安装板继续前移时，顶杆将制件完全顶出。由于这种顶板的顶出是靠悬浮的顶杆驱动的，悬浮顶杆起不到复位作用，因此必须另设复位杆。合模时，复位杆使顶杆安装板后移，滑块则在弹簧的作用下，逐渐复位，使顶杆逐渐脱出通孔，顶出机构完全复位。

(4) 摆杆式二次顶出机构，如图 2-105 所示。顶出时，在后顶板带动顶杆和顶杆的同时，在限位块和拉簧的束缚作用下，摆杆推动圆柱销，并带动前顶板同时前移，而前顶板带动顶杆和活动型芯整体同步运行，并使制件脱离型芯，为强制顶出制件内腔的凹槽创造条件。顶板移动这个距离后，摆杆脱离了限位块的限制向外摆动，使前顶板停止移动，如图 2-105(b) 所示。后顶板继续前移，在顶件板和顶杆的共同作用下，将制件从活动型芯中强行顶出。合模时，复位杆和顶件板分别使前后顶板分别复位。这种二次顶出的结构形式对顶出制件内部的凹槽是较为理想的。

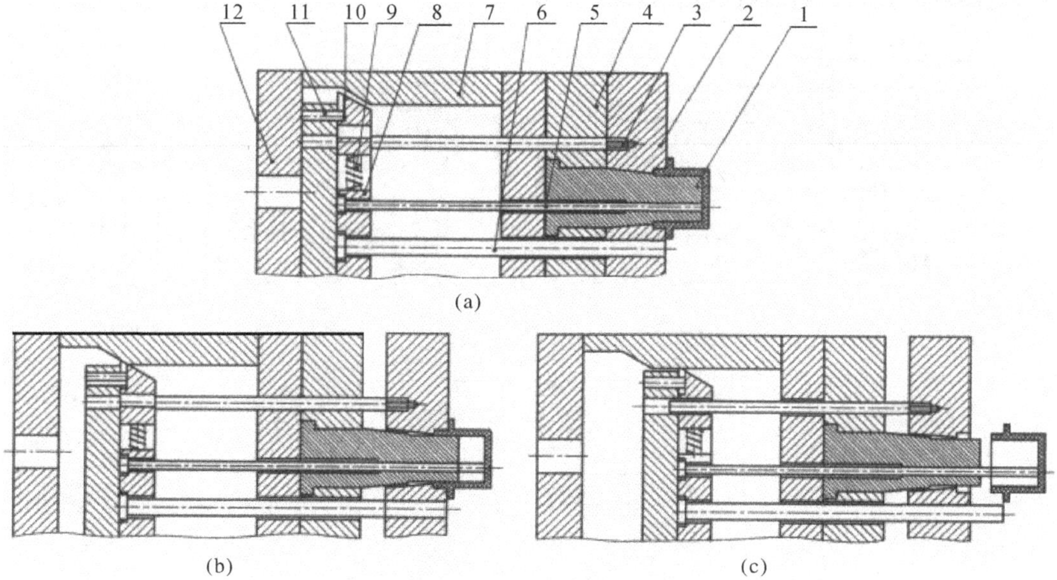

图 2-104　滑块式二次顶出机构

1— 型芯；2— 顶板；3— 顶杆；4— 动模；5— 顶杆；6— 复位杆；7— 导板；
8— 顶杆安装板；9— 弹簧；10— 滑块；11— 限位销；12— 动模安装板

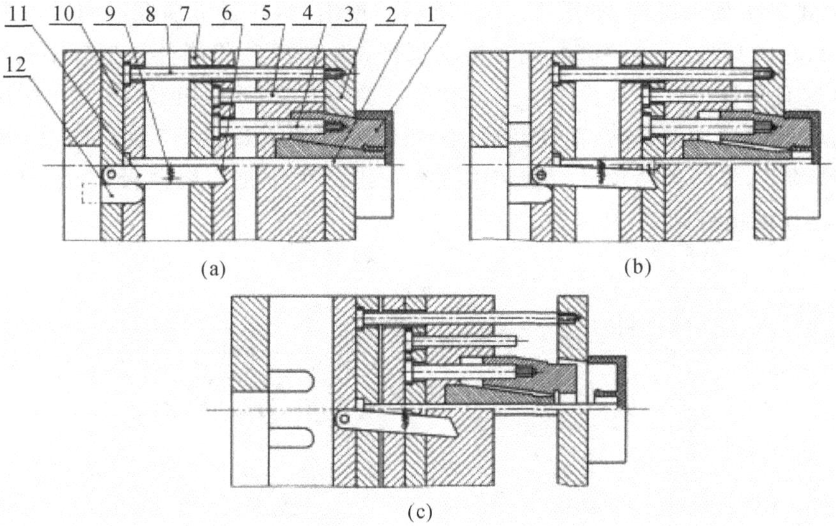

图 2-105　摆杆式二次顶出机构

1— 活动型芯；2— 顶杆；3— 顶件板；4— 顶杆；5— 复位杆；6— 圆柱销；
7— 前顶板；8— 顶杆；9— 拉簧；10— 后顶板；11— 摆杆；12— 限位块

(5) 摆钩式二次顶出机构，如图 2-106 所示。顶出时，注射机顶杆穿过后顶板推动前顶板。但在拉簧的作用下，使摆钩拉住固定在后顶板上的圆柱销，拉动后顶板同时前移，顶杆和顶杆及顶件板同时顶动活动型芯及制件一起脱离型芯，这时摆钩在楔板的斜面作用下脱开圆柱销，后顶板停止移动，前顶板继续前移，然后在顶杆继续前移的过程中，推动顶件板将制件从活动型芯中强制脱出。在强制顶出过程中，为防止活动型芯跟随制件移动，必要时可加设限位杆。合模时，顶杆带动前后两组顶板同时复位。

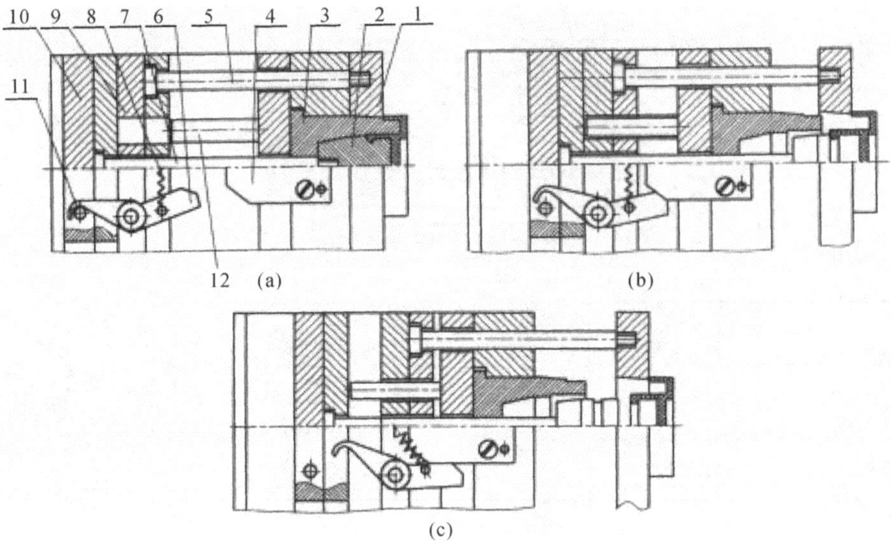

图 2-106　摆钩式二次顶出机构

1— 顶件板；2— 活动型芯；3— 型芯；4— 楔板；5— 顶杆；6— 摆钩；7— 顶杆；8— 拉簧；9— 前顶板；10— 后顶板；11— 圆柱销

（6）摆块式二次顶出机构，如图 2-107 所示。顶出时，注射机顶杆推动后顶板 10，并借助摆块 9 的作用，与前顶板 8 一起移动，同时推动顶杆 3 和顶杆 5，将制件从型芯中脱出，完成第一次顶出动作，这时制件仍含在顶件板 2 上，如图 2-107(b) 所示。继续顶出时，摆块 9 在导板 6 导向作用下，做顺时针方向旋转，而脱开后顶板 10，使前顶板 8 顶杆 3 推顶件板 2 停止移动，而顶杆 5 则继续移动，将制件从顶件板型腔中强行顶出。由于是两组顶板，合模时，顶板靠复位杆 4，前顶板靠顶件板分别复位。

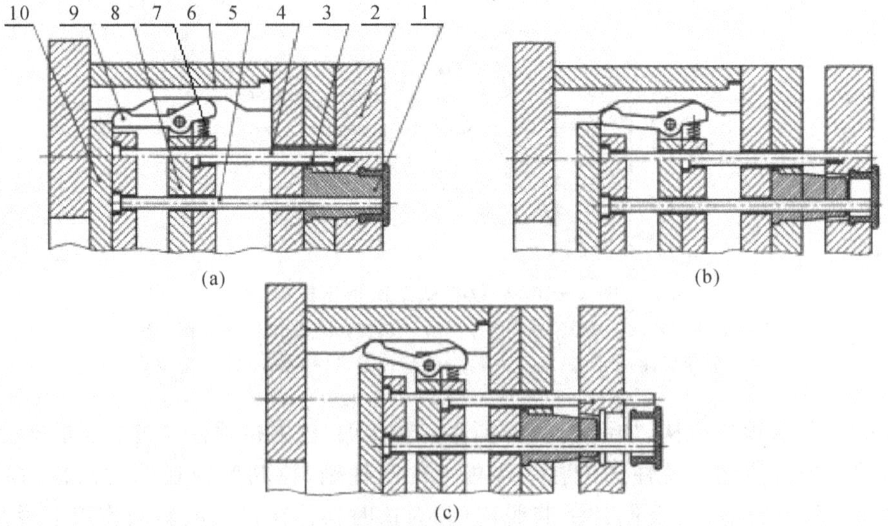

图 2-107　摆块式二次顶出机构

1— 型芯；2— 顶件板；3— 顶杆；4— 复位杆；5— 顶杆；6— 导板；7— 弹簧；8— 前顶板；9— 摆块；10— 后顶板

2.8　排气系统设计

一、排气系统的作用

排气系统的作用是在注射过程中，将型腔中的气体有序而顺利地排出，以免塑件产生气泡、疏松等缺陷。注射过程中需排出的气体有以下几种：

(1) 浇注系统和型腔中原有的自然空气；

(2) 塑料含有的水分在注射温度下蒸发而形成的水蒸气；

(3) 塑料熔体在受热或凝固时分解产生的低分子挥发气体；

(4) 塑料熔体中某些添加剂的挥发和化学反应所生成的气体。

在高速成型过程中，高温的塑料熔体，将这些气体驱赶并压缩至死角，形成多个高温高压的气室。这些高压的气室的反压作用，阻止熔料的正常快速充模，而高温也可能引起塑件局部的碳化、烧焦。同时这些高温高压的气室也可能渗入塑料熔体内部，造成填充不足，产生气孔、组织疏松等影响塑件强度的缺陷，因此，在注射过程中，及时将这些气体有序地排出模外是十分必要的。

二、排气系统的设计要点

排气槽位置和尺寸的选定是一个较为复杂的问题，主要靠实践经验。通常的做法是根据以往经验，将排气槽开设在可能出现憋气的部位，再经过试模后进行修改或补充，其设计要点归纳为以下几点：

(1) 排气系统应保证迅速、有序、通畅，排气速度应与注射速度相适应；

(2) 排气槽应设在塑料流的末端，如塑件、流道、冷料穴的浇注终端；

(3) 排气槽应设在主分型面的凹模一侧，一是便于加工和修正，二是如果产生排气飞边，凝料也较容易脱模或去除；

(4) 排气槽应尽量设在塑件较厚的成型部位；

(5) 排气槽应设在便于清模的位置，以防止积存冷料；

(6) 排气槽的排气方向应避开操作区，防止注射时高温熔料的溢出而伤人；

(7) 排气槽的深度与塑料品种的流动性以及注射压力、注射温度有关，排气槽的宽度根据具体情况而定。

三、排气槽的位置和形式

注射模的排气问题，有时候往往被忽略。其实，在多数情况下，在模具结构里，总能自然而然地具有排气的功能。例如从分型面、从顶杆、从镶拼件等结构件的缝隙中自然排气。如图 2-108 所示为排气的位置和形式。其中一些是属于自然排气的范围，在必要时创造条件为我所用。

图 2-108(a) 是从分型面上自然排气的形式。合模再严密，由于分型面的平面制造误差的缝隙作为排气通道是足够的。

图 2-108(b) 是在顶杆处排气。由于顶杆和型芯是动配合形式，其配合间隙足以完成排气功能。在必要时，可将其配合间隙做的稍大一些。只要它的间隙小于规定的排气槽深度，就能实

现既排气良好，又不产生溢料的现象。

图 2－108(c) 是利用活动的侧型芯的装配间隙排气。

图 2－108(d) 是在拼镶件的装配间隙中排气。

图 2－108(e) 是在分型面上熔体流动的末端，在凹模一侧开设排气槽。在大、中型塑件的模具或成型时释放气体较多的塑料时，由于需排出的气体较多，通常应开设排气槽。有时为避免塑件变形或熔接痕的产生，也常常设置排气槽，以便于熔体有序地流动，提高注射效果。

其排气槽尺寸为：h 为不大于规定的排气槽深度；$l=0.7\sim1.0$ mm；$h_1=0.8\sim1.5$ mm。

图 2－108(f) 是在用推件板推出深腔的塑件时，采用粉末烧结的合金块来进行排气的。粉末烧结合金块是由合金微粒烧结而成。利用它质地疏松，有较好的透气性，来达到排气的效果。应该指出的是，这种材料的抗冲击能力不是很大，支撑面应有足够大的面积。又由于它的热传导率较低，不能使其温度过高，否则容易产生分解物而堵塞气孔。

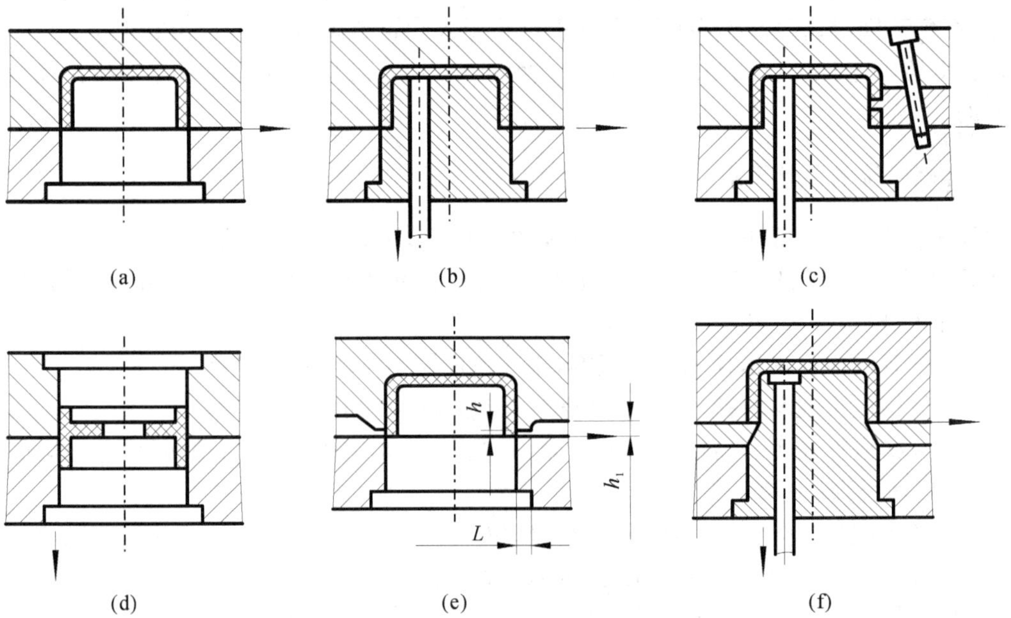

图 2－108 排气槽的位置和形式

2.9 温度调节系统设计

在注射成型中，模具的温度直接影响到成型制件的质量和生产效率。由于各种塑料的性能和成型工艺要求不同，对模具温度的要求也不同。表 2-11 列出了常用的热塑性塑料在注射成型时需要的模具温度。

对于任何一个塑料制品，模温波动较大都是不利的。过高的模温会使制件在脱模后发生变形，若延长冷却时间又会使生产率下降。过低的模温会降低塑料的流动性，使其难于充满模腔，增加制品的内应力和明显的熔接痕等缺陷。

表 2－11　常用塑料成型时所需的模温

材　料	模　温 /℃
聚丙烯	55 ～ 65
聚乙烯	40 ～ 60
聚苯乙烯	40 ～ 60
硬聚氯乙烯	30 ～ 60
ABS	40 ～ 60
聚酰胺	40 ～ 60
有机玻璃	40 ～ 60
聚甲醛	40 ～ 60
氯化聚醚	40 ～ 100
聚碳酸酯	90 ～ 110
聚苯醚	100 ～ 120
聚砜	100 ～ 120

对于要求模温较低的塑料(例如聚苯乙烯、聚乙烯、聚丙烯、ABS 等)，由于模具不断地被注入的熔融塑料加热，模温升高，单靠模具本身自然散热不能使模具保持较低的温度，因此，必须加冷却装置。

对于要求模温较高的塑料(例如聚碳酸醋、聚酰胺、聚苯醚等)，成型出的塑件容易产生内应力和表面疵痕，故宜采用较高的模温(80 ～ 120℃)。另外，当型芯的形状比较复杂时，脱模比较困难，也应采用比一般情况略偏高的模温。由于模具与机床模板紧密接触，自然散失热量较大，单靠注入高温塑料来加热模具是不够的，因此，必须设置加热装置。

总之，要做到优质、高效率生产，模具必须能够进行温度调节。

一、冷却系统的设计

冷却模具通常以水、油或压缩空气等为冷却介质。由于水的热容量大、传热系数大、成本低、使用方便、冷却效果好等特点，冷却介质普遍采用水作冷却介质，一般模具的冷却系统用的是循环水道。

(一) 冷却系统的设计要点

根据塑件的具体情况和实践经验，模具冷却系统的设计要点归纳如下：

(1) 冷却水道的直径大小与数量既要使成型零件表面冷却均匀，模具的温差不大，又必须便于加工和清理及保证模具的强度。

冷却介质在水道中的流动大体分两种流动状态，一种是冷却介质在管路中流动时呈平稳状态，称层流状态；一种是呈湍流状态，称紊流状态。在层流状态时，冷却介质以直线形式平稳地流过，只有与管壁相接触的部分冷却介质参与冷却工作，其余部分则空载流过，因此，带走的热量不多。而当冷却介质没有完全充满水道时，它所带走的热量就更少。而在紊流状态时，由于涡流的翻滚流态，使得冷却介质都参与了导热冷却作用，它的冷却效果是层流状态的数倍。

在同等条件下，大直径的水道中冷却介质的流动可能成为层流状态，而选用较小直径的水道，则容易形成我们所需要的紊流。

水道内壁的表面粗糙度对形成紊流也有直接影响，其表面越粗糙，也越容易形成紊流状态。故冷却水道直径小、数量多时，成型零件表面冷却均匀，但加工和清理不便，且模具的强度降低。如果水道孔直径为 d，一般冷却水道的直径取 $\phi 8 \sim \phi 12$，孔距为 $5d$。

(2) 冷却水道与成型面各处应取相同的距离，并使水道的排列与成型面的形状相符，如图 2-109(a) 所示。图 2-109(b) 的水道孔排列形式不均匀，使冷却不均匀，容易使制件产生变形。

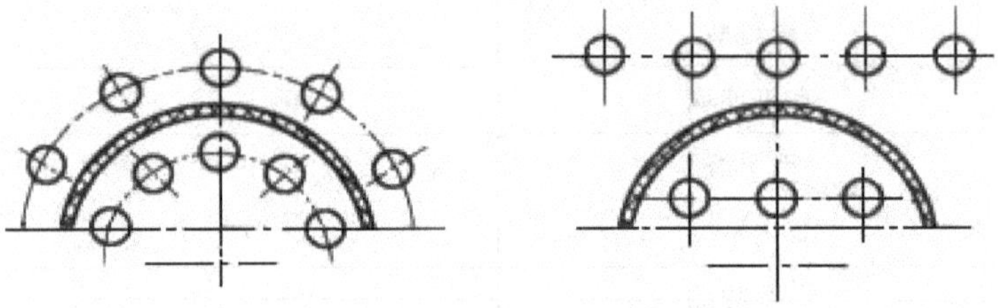

(a) (b)

图 2-109 冷却水道的排列

(3) 冷却水道距型腔的距离应适当，如图 2-110(a) 所示。冷却水道与成型面的距离为 $3d$ 较为合适，距离太远，冷却效率低，而距离太近，则冷却不均匀，并可能影响成型零件的强度。为了后者的原因，水道孔边与成型面的距离不能小于 10 mm。当同一成型面上塑件厚度加厚时，可使水道的距离逐渐缩短，并靠近型腔，以取得局部冷却的效果。当成型大型塑件时，由于料流程较长，料温随之逐渐降低，这时应适当改变冷却水道的排列密度，促使排列的间距逐渐变稀，如图 2-110(b) 所示，以取得整个制件大致相同的冷却速度。而在浇注系统的末端和制件壁薄处，水道变稀也是为了控制模温的变化，有利于物料在浇注末端的流动。

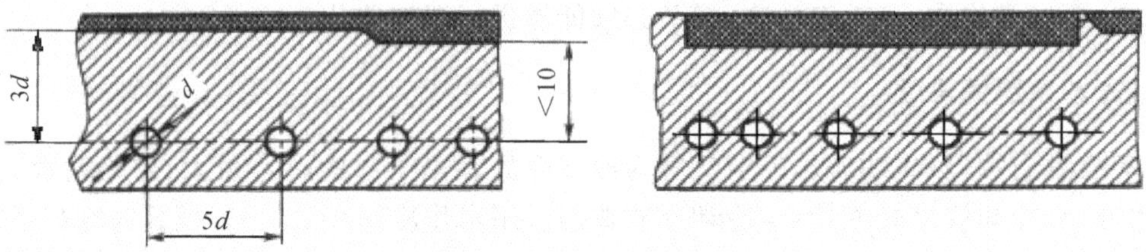

(a) (b)

图 2-110 水道的相关参数确定

(4) 对热量积聚大，温度高的部位应加强冷却，如浇口附近温度最高，为了达到模温均衡，冷却水道应首先通过浇口部位，然后再流向浇口远端，如图 2-111 所示。

图 2-111(a) 采用平缝式浇口向双型腔进料。冷却起点是在进料口附近分设四个进水点，按箭头方向流动，并分别从进料末端排水。

图 2-111(b) 是侧浇口成型的例子，也是首先从浇口附近进水，循环之后，从进料方向的末端出水。

以上的实例都是首先从浇口部分进水的。但一般说来，主流道比较粗大，再由于模温较高，它的冷却速度往往滞后于成型件。为提高成型速度，必要时，考虑在主流道处单独设置冷却回路。

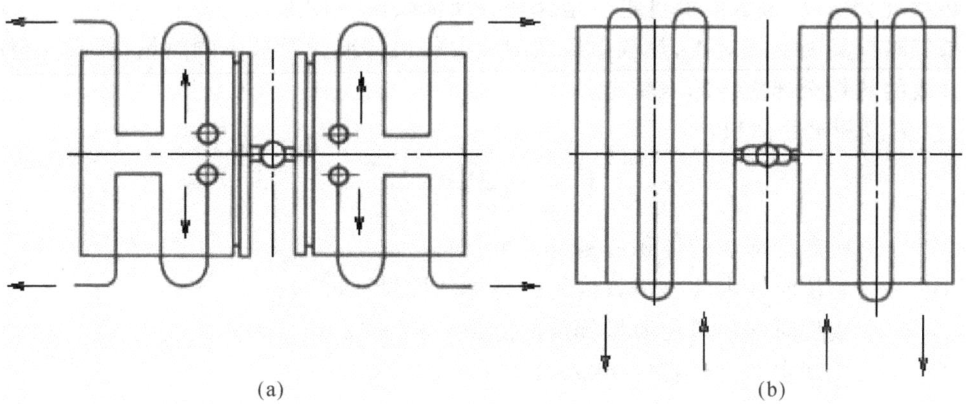

图 2-111　冷却水道的冷却顺序

(5) 冷却系统应防止漏水，特别是不能渗透到成型区域内。当冷却水道必须通过镶块、模板接缝部位时，应设置良好可靠的密封措施，如图 2-112 所示。冷却水从支承板流入通过中心进入型芯内的螺旋槽冷却，在型芯侧面出水。在这里有两处渗漏面，水道镶块与支承板间采用 O 形环密封圈，出水口则是镶块与型芯间将加长的出水嘴直接安装在型芯上，并用密封垫密封。

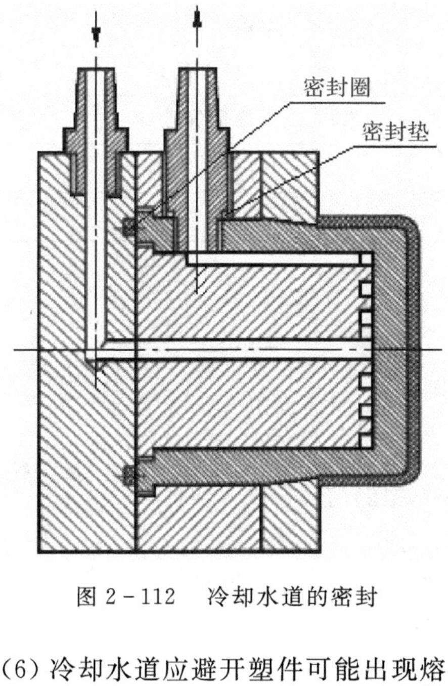

图 2-112　冷却水道的密封

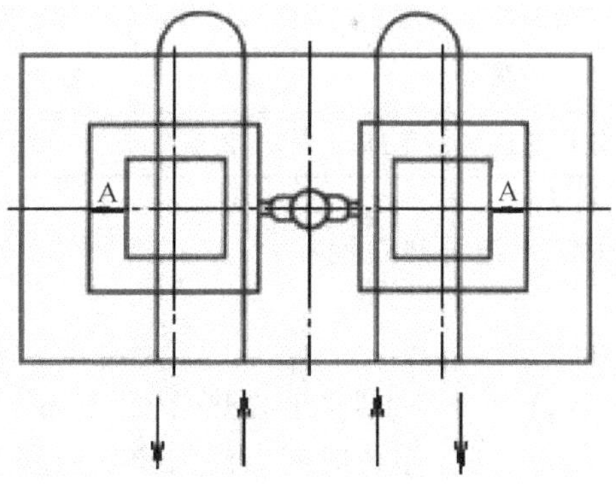

图 2-113　冷却水道应避开熔接痕部位

(6) 冷却水道应避开塑件可能出现熔接痕的部位，以免由于模具在这个部位形成低温区，产生熔接痕或因熔接不牢而降低塑件强度，如图 2-113 所示。在 A 处容易产生熔接痕，因此冷却水道可距离 A 处远一些。

(7) 在模具总体设计过程中，应兼顾考虑冷却水道的设置方案，并给冷却水道留出足够的空间。

（二）冷却系统参数的计算

冷却回路的设计应做到：冷却回路系统内流动的介质必须能充分吸收成型塑件所传导给模具的热量，使模具成型表面温度稳定地保持在所需要的温度上。

如果忽略模具因空气对流、热辐射以及与注射机机体接触所散失的热量，即假定塑料熔体在模内释放的热量全部由冷却水带走。

（1）所需冷却水的体积：

$$V=\frac{G\Delta i}{60C\rho(t_1-t_2)} \tag{2-39}$$

式中 V —— 所需冷却水的体积流量（m^3/min）；

G —— 单位时间内注入模具内塑料熔体的质量（kg/h）；

Δi —— 成型时塑料单位质量释放的能量（表 2-12）（J/kg）；

C —— 冷却水的比热容（J/(kg·K)）；

ρ —— 冷却水的密度；

t_1 —— 冷却水的出口温度（℃）；

t_2 —— 冷却水的入口温度（℃）。

表 2-12 成型时塑料单位质量释放的热量 $\times 10^6$ J/kg

塑料名称	Δi	塑料名称	Δi	塑料名称	Δi
ABS	3～4	乙酸纤维素	2.9	聚丙烯	5.9
丙烯腈-苯乙烯共聚物	2.7～3.6	尼龙 6	5～6	醋酸丁酸纤维素	2.7
聚甲醛	4.2	尼龙 66	6.5～7.5	聚苯乙烯	2.7
聚醋酸已烯酯	2.9	低密度聚已烯	5.9～6.9	聚四氟乙烯	5.0
丙烯酸类	2.9	高密度聚已烯	6.9～8.2	聚氯乙烯	1.7～3.6
聚甲基丙烯酸甲酯	2.1	聚碳酸酯	2.9		

（2）水道导热总面积：

$$A=\frac{G\Delta i}{3\,600\alpha(T_w-T_q)} \tag{2-40}$$

式中 A —— 冷却水道导热总面积（m^3/min）；

G —— 单位时间内注入模具内塑料熔体的质量（kg/h）；

Δi —— 成型时塑料单位质量释放的热量（表 2-12）（J/kg）；

C —— 冷却水的比热容（J/(kg·K)）；

α —— 冷却水的热导率，成型模板开冷却水道，取 $\alpha=0.64$，模具垫板开冷却水道，取 $\alpha=0.5$，镶嵌铜管冷却水道，取 $\alpha=0.1$；

T_w —— 模具成型零件表面温度（℃）；

T_q —— 冷却水平均温度（℃）。

（3）冷却水道的直径确定：计算出所需冷却水的体积 V 后，可根据冷却水处于紊流状态下的流速与通道的关系，确定出冷却水道的直径 d，如表 2-13 所示。

表 2-13　冷却水道的直径

d/mm	水的最低流速 /$m \cdot s^{-1}$	冷却水的体积 /$m^3 \cdot min^{-1}$
8	1.66	5.0×10^{-3}
10	1.32	6.2×10^{-3}
12	1.10	7.4×10^{-3}
15	0.87	9.2×10^{-3}

注：在雷诺数 > 10 000，10℃ 的条件下。

(4) 冷却水孔总长度确定：

由 $A=\pi dL$，则有

$$L=\frac{1\,000A}{\pi d} \tag{2-41}$$

式中　L—— 冷却水孔总长度(m)；

A—— 冷却水道导热总面积(m^3/min)；

d—— 冷却水道的直径(m)。

(三) 冷却系统冷却水道形式及结构设计

1. 冷却水道形式

冷却系统的水道形式大体分为以下几类。

(1) 直接水道式冷却。它是直接在模具或模板上钻孔或铣槽，通入冷却介质。特点是冷却介质直接接触模体传导热量，结构简单，冷却效果较好。

(2) 管道式冷却。在模具上钻孔或铣槽，在孔内嵌入导热性较好的铜管，用低熔点合金固定铜管的冷却方式，它多用于所要求的冷却回路较难加工时。但是由于与成型零件的接触面积很小，其传导效果不好，在通常情况下，很少采用。

(3) 导热杆式冷却。在型芯内插入导热率较高的铁铜合金，在其端部进行冷却。一般适用于细长成型芯的冷却。

实践中采用什么形式应根据实际的具体情况而定，但总的原则应该是冷却效率高，冷却的均衡性好和便于加工。一般情况下以直接水道式冷却系统为主。

2. 冷却系统结构设计

(1) 型腔的冷却。型腔冷却结构如图 2-114 所示。

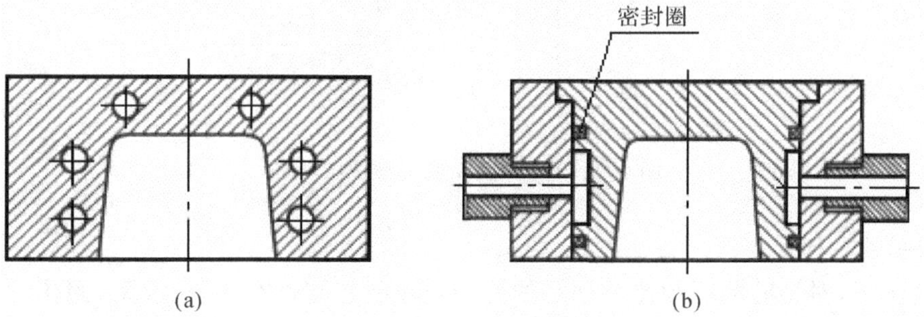

图 2-114　型腔的冷却

当型腔采用整体式结构形式时采用图 2－114(a) 的形式。它是沿型腔边缘设置若干并联或串联的循环水路。这是最简单的冷却方式。

当型腔采用整体组合式的结构形式时采用图 2－114(b) 的形式，在其组合面上，设置冷却水道，在型腔镶件外部开环形水道，进水分两路绕行。这种结构比较简单，冷却效果较好，但应注意水道两端的密封。

当型腔采用整体组合式的结构形式并制件底部要求较高时，底部采用平面盘肠螺旋的冷却水道，如图 2-115 所示。冷却水从主流道附近流入沿平面的同心圆水道旋转流出，使塑件底面冷却均匀，不易变型，保证塑件底部的平整要求。

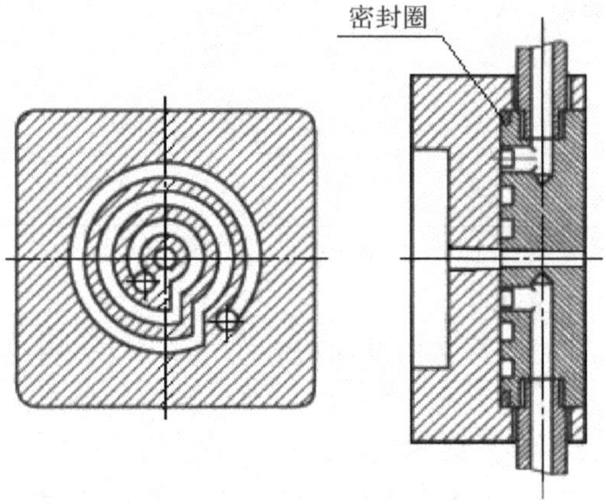

图 2－115　型腔盘式冷却

型腔较深的整体组合结构形式可采用如图 2-116 所示的螺旋水道冷却的方式。它们都是从型腔底部位于浇口附近进水，通过螺旋水道绕型腔周边流过，从下方流出，其冷却效果极佳。

在多型腔的注射模中，为有效地利用模具空间，往往采用串并联形式。

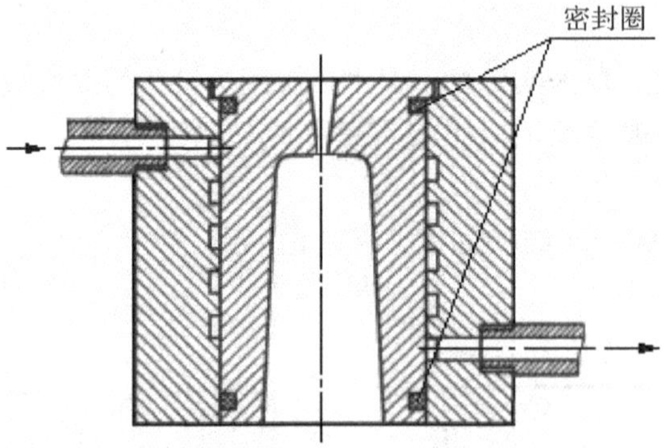

图 2－116　深腔型腔的螺旋式冷却

(2) 型芯的冷却。

一般情况下，对型芯的冷却比对型腔的冷却更重要。塑件在注射、成型、固化时，由于冷却收缩，塑件对型芯的包紧力比型腔大，因此型芯的温度对塑件冷却的影响比型腔大得多，对型芯的冷却在整个冷却过程中是十分重要的。

然而，对型芯的冷却受到一些条件的限制。一般来说，型芯总是设在动模一侧，而顶出机构的设置总会占有有限的利用空间。在解决矛盾的过程中，必须统筹安排。在冷却和顶出系统互不干扰的前提下，相互满足要求。

型芯的冷却形式很多，对于较大的型芯冷却的基本形式如图 2-117 所示。

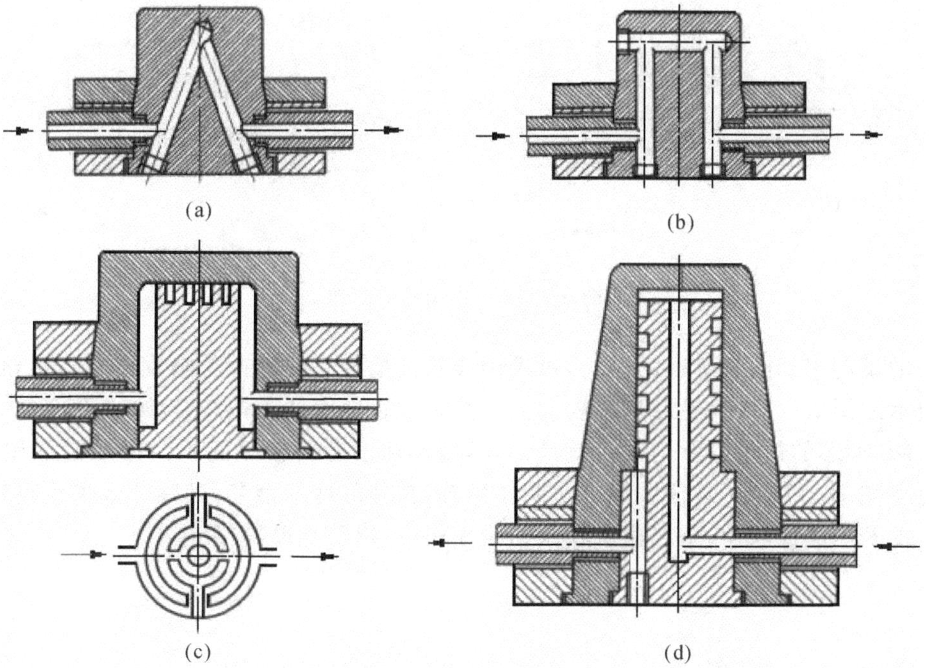

图 2-117　较大型芯的冷却

图 2-117(a) 是采用斜孔交叉贯通的方式冷却型芯的。这种形式比较简单，但冷却效果不理想，长条形的制件亦可采用多组斜孔交叉贯通的形式。

图 2-117(b) 的形式在小型模具中应用很广泛。应该注意的是水道的密封，特别是穿过型芯的横孔，既要密封好，又要顺应型芯侧面修平，防止出现浇注痕迹。

图 2-117(c) 是采用平面盘肠状的水道冷却型芯的。用于型芯直径较大、而高度不大时，型芯上表面采用平面盘肠，如俯视图所示的冷却通道从一侧进水，另一侧出水的结构形式。

图 2-117(d) 是采用圆周螺旋状的水道冷却型芯的。用于型芯直径较大、高度较高时，螺旋状冷却水道是在型芯内部设置环形通道。从中心管道进水，冷却水到型芯端面后，沿螺旋通道绕型芯边缘依顺序流过，从侧口流出。

为加工方便，它们都是在型芯中部镶嵌镶件，加工成型后装入型芯，因此除了对已掏孔的型芯内孔设置加固部分外，还应有必要的密封措施。

小型型芯一般情况下不需要冷却，但如果制件要求很高时有必要对其进行冷却，其结构形式如图 2-118 所示。图 2-118(a) 是从中心管道进水，形成井喷的形式冷却型芯端部，再从内孔边缘流过，从侧面出水。在多型腔的模具中，可以并联形式连接。图 2-118(b) 是采用隔板的形式，将型芯内孔分割成两部分，从一侧进水，经隔板端面流入另一部分后出水。

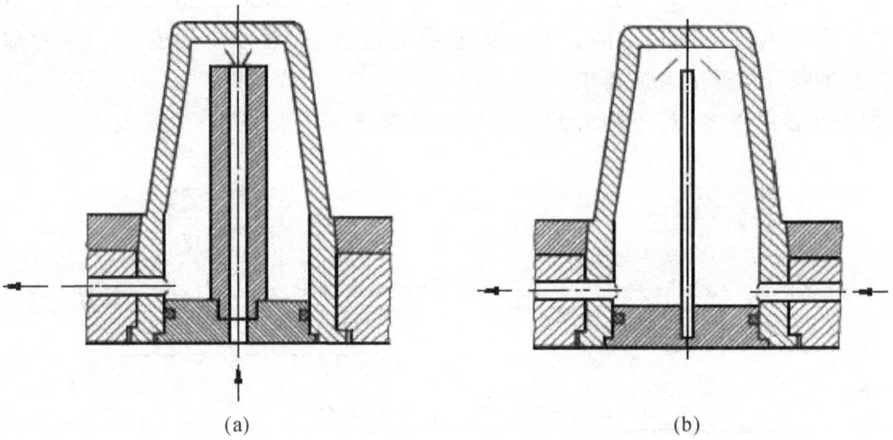

图 2－118　小型芯的冷却

极小的型芯内部没有运水的空间，可采用导热性能颇好的敏铜合金直接或间接导热，如图 2－119 所示。图 2－119(a) 是在型芯内部插入与其配合紧密的钗铜合金棒，并在底部冷却敏铜棒，达到冷却型芯的效果。所谓紧密就是说，尽量增加两者的接触面积。接触面积越大，导热效果越好。图 2－119(b) 是用铍铜合金制作型芯，在外部冷却型芯，其冷却效果也很好。但由于铍铜强度和耐磨性较差，型芯应有较大的脱模斜度，以防止摩擦损伤。

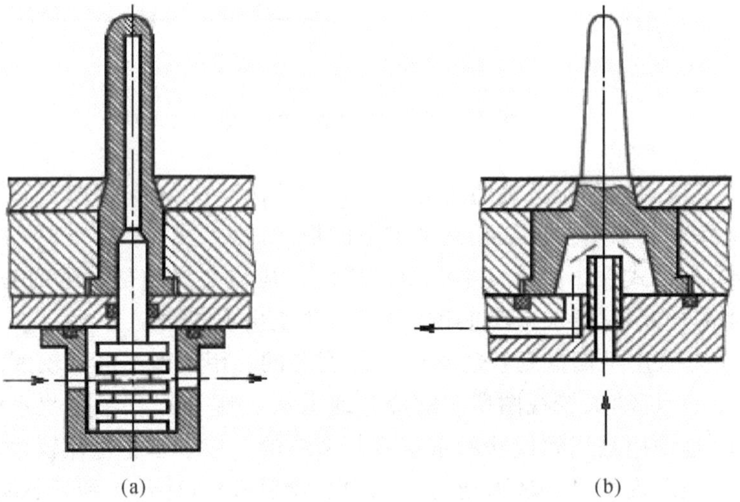

图 2－119　极小型芯的冷却

二、加热系统的设计

模具的加热方法很多，有热水、蒸气、热油和电加热等。用热水、蒸气、热油加热也需要在模具的型腔周围开设加热通道，与冷却系统的设计基本相同，故不再复述。电加热虽不如热水、蒸气、热油加热的温度控制准确，但它清洁简单、温度调节范围大，仍然是目前应用最广的方法。下面就介绍电加热装置的形式和电热计算。

1. 电加热装置的形式

常用的电加热装置形式有以下三种：

(1) 电阻丝直接加热。先将电阻丝绕成螺旋弹簧状，再将电阻丝穿在特制的陶瓷管内，安放在模具的加热空中，这种加热装置的优点是成本低廉，但使用寿命短、不安全，又电阻丝与空气直接接触容易氧化损耗。

(2) 电热板或电热套加热。加热套系在云母片上绕上扁电阻丝，再装夹于特制的金属外壳里，电阻丝与金属外壳之间用云母片绝缘，结构形式如图 2－120 所示。

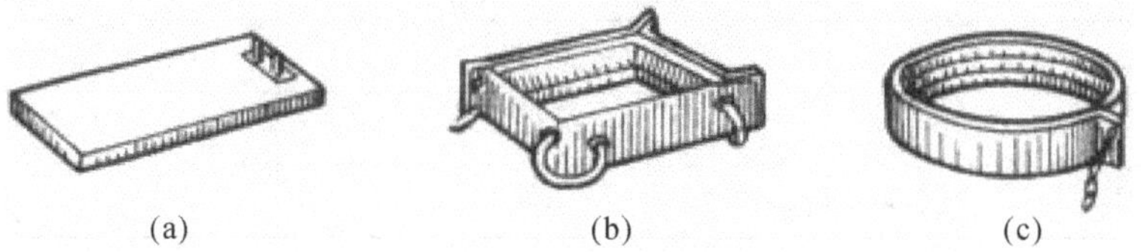

图 2－120　电热板或电热套加热的结构形式

图 2－120(a) 是电热板加热装置，图 2－120(b) 是筐式电热套加热装置，它是由四个电热板组成，由导线和螺钉连接在一起，用于外形为方形的模具。图 2－120(c) 是圆形电热套加热装置，用于外形为圆形的模具，它是将电热套直接套在模具上，然后用螺钉拧紧，电热套便紧紧地套在模具的外圆上，它的加热效果比方形的要好。

(3) 电热棒加热。由于电热棒是直接插入模板开设的孔内，使用方便，但当有型芯、顶杆或镶块时，开孔就受到限制。电热棒的长度、直径和功率列于表2－14 中。

2. 电热计算

一套模具加热所需的总功率可按下式计算：

$$W_{总} = \frac{GC(T_2 - T_1)}{860\eta t} \tag{2-42}$$

式中　$W_{总}$ —— 一套模具加热所需的总功率(kW)；

G —— 模具总重量(kg)；

C —— 比热(钢)(J/(kg·℃))；

T_2 —— 塑料成型要求的模温(℃)；

T_1 —— 模具的初始模温(℃)；

η —— 加热器的效率，0.3 ～ 0.5；

t —— 加热时间(s)；

860 —— 功率换算系数。

那么每根电热棒的功率为：

$$W_{棒} = \frac{W_{总}}{n} \tag{2-43}$$

式中　$W_{棒}$ —— 每根电热棒的功率(kW)；

n —— 电热棒根数。

此外，模具的加热总功率也可以用以下经验公式计算：

$$W_{总} = 0.24G(T_2 - T_1) \tag{2-44}$$

式中 $W_{总}$ —— 一套模具加热所需的总功率(kW)；

G —— 模具总重量(kg)；

T_2 —— 塑料成型要求的模温(℃)；

T_1 —— 模具的初始模温(℃)；

0.24—— 常数。

表 2－14 电热棒的相关参数

电热棒直径 d_1/mm	13	16	18	20	25	32	40	50
误差	±0.1		±0.12			±0.2		±0.3
$d_2 \approx$	8	11.5	13.5	14.5	18	26	34	44
	1.5	2	3			5		
L	功率 /W							
60	60	80	90	100	120			
80	80	100	110	125	160			
100	100	125	140	160	200	250		
125	125	160	175	200	250	320		
160	160	200	225	250	320	400	500	
200	200	250	280	320	400	500	600	800
250	250	320	350	400	500	600	800	1 000
300	300	375	420	480	600	750	1 000	1 250
400		500	550	630	800	1 000	1 250	1 600
500			700	800	1 000	1 250	1 600	2 000
650				900	1 250	1 600	2 000	2 500
800					1 600	2 000	2 500	3 200
1 000					2 000	2 500	3 200	4 000
1 200						3 000	3 800	4 750

第 3 章　特种注射成型模具设计

3.1　热固性塑料注射模具设计

一、热固性塑料注射成型工艺

对于热固性塑料，古老、传统而成熟的成型方法是压制成型，后又发展了铸压成型，但这两种成型方法生产效率低，特别是厚壁塑件生产周期很长，生产效率更低。另外，自动化程度低、工人劳动强度大，厚壁和带有深孔、形状复杂塑件难于成型，且溢边厚度不同会影响塑件高度方向的尺寸精度。20 世纪 60 年代，随着热塑性塑料注射成型技术的迅速发展，许多国家也研究成功热固性塑料的注射成型工艺，并在生产中逐渐得到应用。

热固性塑料注射成型原理就是把固体热固性塑料加入注射机料筒，加热熔化成熔融流体，然后高压高速射入型腔，同时发生固化反应，经一定时间保温保压固化成型，最后打开模具，取出制件。其工艺流程如图 3－1 所示。

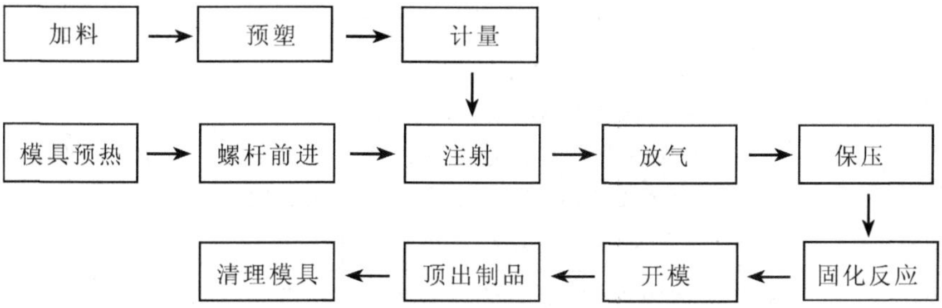

图 3－1　热固性塑料注射成型工艺流程图

热固性塑料与热塑性塑料注射成型工艺在料筒温度、模具温度、注射量的控制、物料性质的变化等方面有所不同，如表 3－1 所示。

表 3－1　热固性塑料与热塑性塑料注射成型工艺的差异

塑料类别	热塑性塑料	热固性塑料
料筒温度	高于 150℃，料筒温度过低物料未完全塑化、流动性差、不能形成完整制件，过高对成型工艺影响不大	低于 95℃，料筒温度过低物料未完全塑化、流动性差、不能形成完整制件，过高物料会在料筒内固化，不能注射成型

续 表

塑料类别	热塑性塑料	热固性塑料
模具温度	模具一般具有冷却系统，模温控制在100℃以下	模具具有加热系统，一般模温控制在170℃以上，但不能过高，模温过高，会迅速固化而使流动性大大降低，不能形成完整制件，模温过低，使固化时间过长，甚至不固化
注射量控制	每次注射后料筒前端要有足够余料，否则会出现注射不足	物料计量严格控制，每次注射后料筒前端余料很少，以防物料固化堵住喷嘴
物料性质	整个注射过程物料基本上是物理变化	整个注射过程物料既有物理变化，也有化学变化，以化学变化为主

二、热固性塑料注射成型工艺设备

热固性塑料注射机是在热塑性塑料注射机的基础上发展起来的，两者基本结构完全相同，但各部分性能参数有所不同，如表3－2所示。

表3－2 热固性塑料注射机与热塑性塑料注射机的性能参数

注射机类别	热固性塑料注射机	热塑性塑料注射机
螺杆的压缩比	螺杆压缩比较小，一般为1∶1.05～1∶1.15，压缩比过大会因激烈摩擦而产生大量摩擦使料筒物料温度升高固化	螺杆压缩比较大，一般为1∶2～1∶3.5
螺杆的长径比	螺杆长径比较小，一般为(L/D)为12～16，防止物料在料筒内停留时间过长而固化	螺杆长径比较大，一般为(L/D)为15～20
喷嘴孔径	由于物料在料筒内黏度较大，为使料筒内的熔料以很高的剪切速度流入模具型腔，喷嘴必须敞开，孔径大于3 mm(一般为4～8 mm)	喷嘴孔径小，须要加热，便于控制注射温度
螺杆头部形状	螺杆头部为尖形，使螺杆顶部余料少，不至于固化而堵塞	螺杆头部为圆形，要有一定余料，以补缩和传递压力
加热方式	料筒加热用水或油，物料温度变化小，易控制，防止物料在料筒内固化	料筒温度高，须用电加热
模具的加热	物料注射温度低于模温，模温要在170℃以上，模具必须加热	模具不须加热，而一般须设计冷却系统，模温控制在80～90℃
螺杆和料筒的间隙	螺杆和料筒的配合间隙要小，一般为0.1～0.2 mm，以防止物料在料筒内积滞固化	螺杆和料筒的配合间隙大约0.2 mm
锁模力	锁模力大	锁模力小

三、热固性塑料注射模具设计

热固性塑料注射模具结构如图 3-2 所示，与热塑性塑料注射模结构基本相同，模具设计理念也基本相同，但浇注系统、模具加热系统、成型零件的设计与热塑性塑料注射模略有不同。

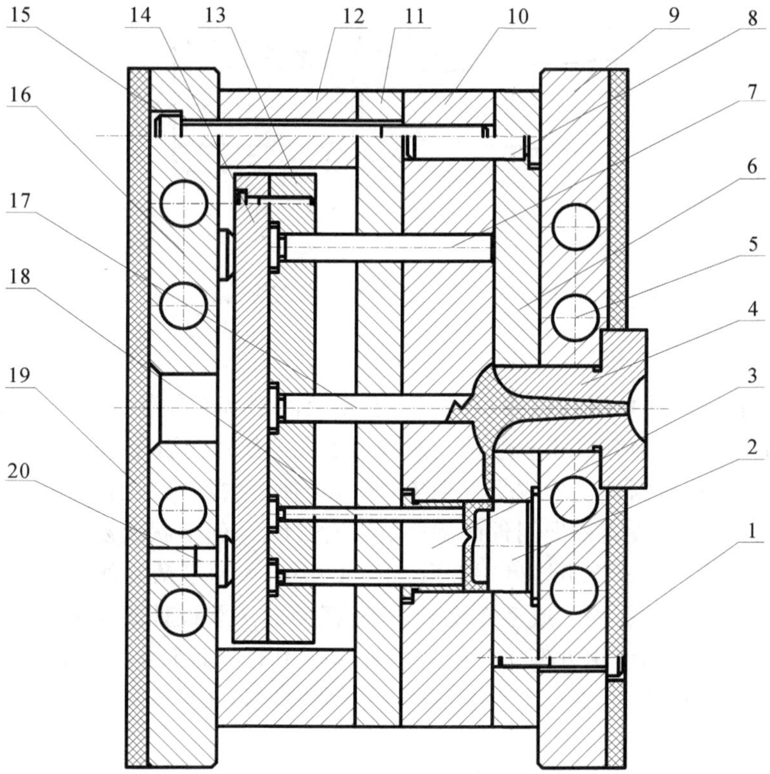

图 3-2　热固性塑料注射模结构

1— 定模隔热板；2— 型芯；3— 镶块；4— 浇口套；5— 加热棒；6— 定模板；7— 复位杆；8— 导柱；9— 定模垫板；10— 动模板；11— 动模垫板；12— 动模垫块；13— 顶杆板；14— 顶杆板垫板；15— 螺钉；16— 动模安装板；17— 拉料杆；18— 顶杆；19— 动模隔热板；20— 挡钉

(一) 浇注系统设计

热固性塑料注射模具浇注系统组成为主浇道、分浇道、进料口(内浇口)，基本结构与热塑性塑料注射模具大体相同，但设计时，各部分要根据热固性塑料注射工艺特点所得到的经验数据设计。

1. 主浇道设计

热固性塑料注射成型时，料筒的温度较低，物料不能完全塑化，故其流动性差，主浇道设计时应注意以下问题。

(1) 主浇道的直径要尽量变小，这样可以增大传热面积而产生大量摩擦热，使物料进一步塑化，且注射比压大，有利于成型。

(2) 主浇道表面粗糙度要低，一般要在 $\sqrt{0.2}$ 以下，出模斜度为 1°～3°。

(3) 主浇道始端直径要比喷嘴直径大 0.5～1 mm，使注射通畅，以防产生流动阻力。

(4) 与喷嘴相切的浇口套球形半经 R 应比喷嘴球形半经 r 大 2 ~ 3 mm，使得喷嘴与浇口套紧密配合，以防产生喷射。

(5) 主浇道与分主浇道相连处要以如图 3 - 3 所示的圆角过渡。

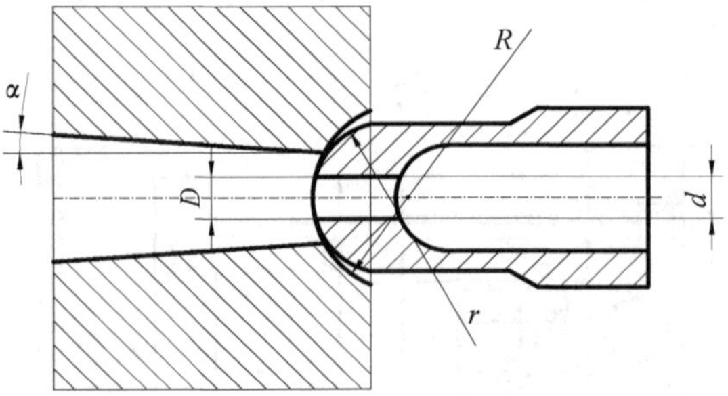

图 3 - 3　主浇道与分主浇道的过渡

2. 分浇道设计

分浇道(见图3-4)的长短和截面积的大小和截面的形状对注射压力的传递和填充时间都有影响。分浇道太长、截面积太小会使填充时间延长、压力损失加大；长度不变、截面积过大，不仅型腔内空气增加，使制件易形成擎气现象，而且会使废料增加；设计分浇道时，长度根据制件要求尽可能短，厚度一般应根据制件的壁厚、体积大小、几何形状及复杂程度来决定，按照以往经验，中、小型简单制件分浇道厚度一般取 2 ~ 4 mm，大型复杂制件一般取 4 ~ 8 mm。

分浇道截面的形状对制件的成型性也有影响，截面的形状设计既要考虑到易于成型，也要考虑到加工的难易程度和使用方便。目前工厂普遍采用的截面形状多为如图3-4所示的梯形和半圆形，半圆形截面一般取 $R=2\sim4$ mm，梯形截面宽取 $L=4\sim6$ mm，深 $H=2/3L$。

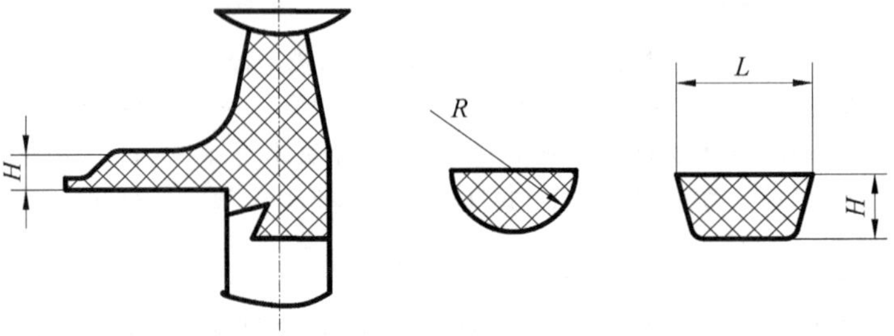

图 3 - 4　分浇道截面的形状

3. 进料口(内浇口)设计

进料口的作用是把熔融物料通畅无阻地输入型腔。进料口形式有侧浇口、点浇口、潜伏式浇口等。

侧浇口截面积大小按以下经验公式计算：

$$F=KG \tag{3-1}$$

或

$$F=0.6V \tag{3-2}$$

式中　F—— 内浇口截面积(mm^2)；

G—— 制件质量(g)；

K—— 调整系数(mm^2/g)，设计时 K 值应先取小，以便于试模后容易修模；

V—— 制件体积(mm^3)。

根据经验数据，进料口厚度一般为 0.5 ～ 1.2 mm，进料口宽度，对于中、小型简单制件，一般取 2 ～ 4 mm；对于大型复杂制件，一般取 4 ～ 8 mm。取值时宁小勿大，以便于试模后容易修模。进料口的长度一般取 1 ～ 2 mm。取值时宁大勿小，便于修模。

进料口为点浇口时，直径为 0.5 ～ 1.5 mm，取值时宁小勿大，以便试模后因比压过大形成涡流时便于修模。长度为 0.8 ～ 1.2，制件过大可采用数点进料，点浇口最常用的形式如图 3 - 5(a) 所示。

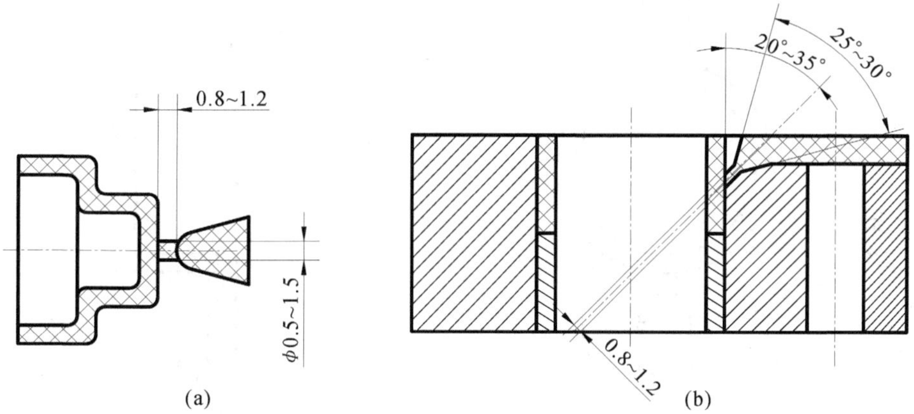

图 3 - 5　进料口的形式

(a) 点式进料口；(b) 潜伏式进料口

潜伏式进料口如图 3 - 5(b) 所示，设计时必须保证顶出制件过程中浇口与制件易分离且不损伤制件，浇口形状一般为锥形，锥度为 20° ～ 25°，倾角 α 一般取 20° ～ 35°，进料口直径为 0.5 ～ 1.2 mm，且进料口的表面粗糙度要很低，否则顶出制件过程中浇口与制件分离时会损伤制件。

4. 拉料腔设计

在热塑性塑料注射模直浇道底部部分称为冷料穴，它有两个作用，一是注射时收容熔体前端的冷料和通过拉料杆排除气体，二是通过拉料杆拉住浇注系统，避免开模时浇注系统与制件分离而可能会损伤制件。在热固性塑料注射模内次部分称为拉料腔，其作用是排除气体和拉住浇注系统。拉料腔和拉料杆的设计与热塑性塑料注射模基本相同，只是拉料腔要比冷料穴小。

(二) 排气系统设计

排气系统的作用是排除型腔内气体，从而获得完整无缺陷制件。热固性塑料注射成型与热塑性塑料注射成型不同之处在于除了型腔内的气体外，还有固化反应时放出的大量气体，仅靠拉料腔的拉料杆、型芯和活块排除气体是不行的，必须开设专门的排气系统。常见的排气系统结构如图 3 - 6 所示。

(三) 模具加热系统设计

设计时，型腔内物料要在较高温度下通过固化反应而凝固，故模具必须具有加热系统。加热系统是热固性塑料注射模非常重要的一部分，它对制件的成型有直接影响，必须严格控制，加热一般采用电热棒或电热套，其功率按下式计算：

$$W \approx 0.2V \tag{3-3}$$

式中　W—— 电功率（W）；

　　　V—— 制件体积（cm^3）。

模具内型腔附近要开设测温孔，以便准确控制模温，从而准确控制固化速度和固化时间，获得高质量制件。各种热固性塑料最佳固化温度在塑料手册中均可查到，这里不再多述。

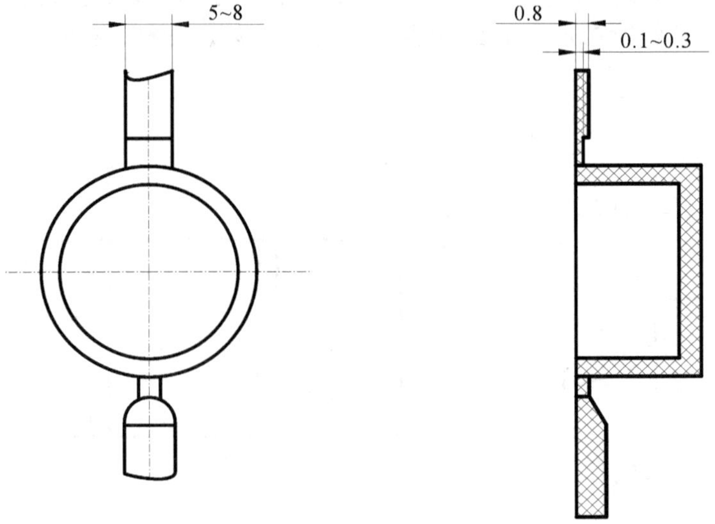

图 3-6　排气系统结构

（四）模具成型零件设计

热固性塑料注射成型工艺与热塑性塑料有两大差别，一是塑料的流动性较好；二是模具内必须有加热系统，模温较高，因此，成型零件设计必须遵循以下规律。

（1）热固性塑料注射成型时模温较高，零件的尺寸精度和各零件之间的配合公差要严格控制，例如顶杆、型芯、活块等，配合太松，溢料边太厚太多，配合太紧，往往因热膨胀会产生卡死现象，进而可能使其弯曲、折断。

（2）型腔部分尺寸精度要高，型腔尺寸收缩率要在经验数据指导下确定，且分型面上高度方向的尺寸精度及收缩率要把溢料边厚度考虑在内，一般溢料边厚度为 0.05 ～ 0.1 mm。

（3）型腔表面粗糙度要在 $\overset{0.2}{\bigtriangledown}$ 以下，以保障制件顺利脱模，提高制件的外观质量，并可降低制件对型腔表面的摩损，提高模具寿命。

（4）热固性塑料注射模具在注射成型过程中反复在高温高压下工作，型腔表面摩损腐蚀严重，因此要选择合适的模具材料和热处理工艺，使其型腔表面硬度达到 52 ～ 57HRC，高硬度可保证低的表面粗糙度，合理的热处理工艺可大大延长模具寿命。

（5）热固性塑料流动性好，故分型面处两半模的贴合面要尽量减小，且要紧密贴合。成型两半模在成型工艺和加工工艺条件允许的情况下，尽量避免组合式而采用整体式结构。

（6）模具工作温度比室温高，由于自然对流而发生的散热现象会使模具各部分之间产生误差，使制件各部位的固化温度不同，固化后制件各部位的性能产生差异，因此设计模具加热器在型腔内的布置应保证型腔内温度基本一致。

（7）将模具向机床上安装时，模具安装板和机床固定板之间必须有绝热装置，如垫一层石棉板，防止热量过多散失。

3.2　精密注射成型模具设计

一、精密注射成型的概念及工艺控制

（一）精密注射成型的概念

对一些精密度要求很高的塑料制品，如精密仪器制造、电子电器、仪表等行业的零配件等，用一般的注射成型是很难达到其精密度要求的。随着塑料加工工业的飞速发展，20 世纪 70 年代中期到 80 年代，高速、高压、高稳定性的注射成型机的开发以及注塑机程序化控制的发展，精密注射成型得到发展和应用，使高精密度塑料制品注射成型成为可能。表 3－3 列出了几种工程塑料精密成型件的公差要求。

表 3－3　精密成型件的公差　mm

基本尺寸	最小限度(±)		实用限度(±)	
	聚碳酸酯、ABS、聚苯醚	聚酰胺、聚甲醛	聚碳酸醋、ABS、聚苯醚	聚酰胺、聚甲醛
～0.5	0.003	0.005	0.008	0.01
0.5～1.3	0.005	0.008	0.01	0.025
2.5～7.5	0.008	0.012	0.02	0.04
7.5～12.5	0.01	0.02	0.03	0.06
12.5～25.0	0.15	0.03	0.04	0.06
25.0～50.0	0.002	0.04	0.06	0.10
50.0～75.0	0.03	0.05	0.08	0.15
75.0～100	0.04	0.06	0.10	0.20
	0.05	0.08	0.15	0.25

（二）精密注射成型工艺控制

要获得优质高精度塑料制品，除了合理的选材和使用高精度注射机外，严格控制注射成型工艺过程中的各个工艺要素是非常重要的。在精密注射成型工艺过程中主要控制以下几个工艺要素。

1. 原料的预处理

树脂中添加剂的加入会影响树脂本身的吸水性，含水量到一定量不仅会在成型过程中使制件产生气孔、鼓包等表面缺陷，还影响制件的机械性能和尺寸精度，因此，必须在成型过程中严格控制树脂中的含水量，成型加工前一定要对原料进行干燥。表 3－4 列出了一些常用原材料的含水量的控制范围。

2. 塑化程度的控制

塑料的塑化程度对制品成型工艺、机械性能、尺寸精度有很大影响，必须严格控制。塑料的塑化是依靠由料筒外的加热装置和内部通过螺杆的作用使塑料熔体产生剪切热来实现的，因此，首先要保证料筒加热装置的准确性和严格控制螺杆的加料段、压缩段、计量段温度，特别是喷嘴温度，控制不当，会产眼丝、环状斑等缺陷。在料筒内熔体塑化的程度主要靠螺杆的背压和转速来控制，螺杆的转速低，混炼效果好，塑料塑化均匀，背压可排除混入料筒内螺杆压缩段的空气，使塑化更加均匀。

表 3-4　常用原材料的含水量的控制范围

原材名称	POM	CFPOM	GFPOM	PA1010	PPO
含水量的控制/%				0.06	0.1
原材名称	FRPA6	PBT	PC	GFPC	PSU(聚苯砜)
含水量的控制/%	0.1	0.02	0.02	0.01	0.05

3. 注射过程工艺参数控制

(1) 注射速度控制。

精密注射成型的注射速度要比普通注射成型的注射速度快，这不仅可成型形状复杂的制件，而且还能提高和稳定制件的尺寸精度。对于流程长、几何形状复杂的制件，还选择多级注射速度，这对精密注射成型是一个非常关键的问题。这个问题要根据长期积累的经验和多次试模来解决，多级注射速度主要解决制件的表面缺陷，减少接缝，提高强度。注射速度也影响制件的凝固收缩率。其关系如图 3-7 所示。

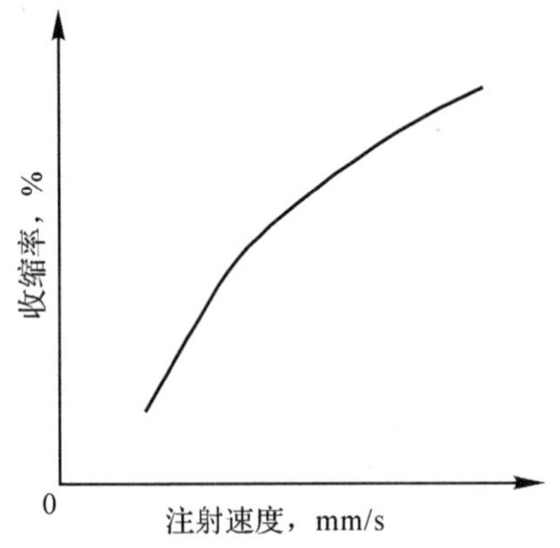

图 3-7　制件收缩率与注射速度的关系

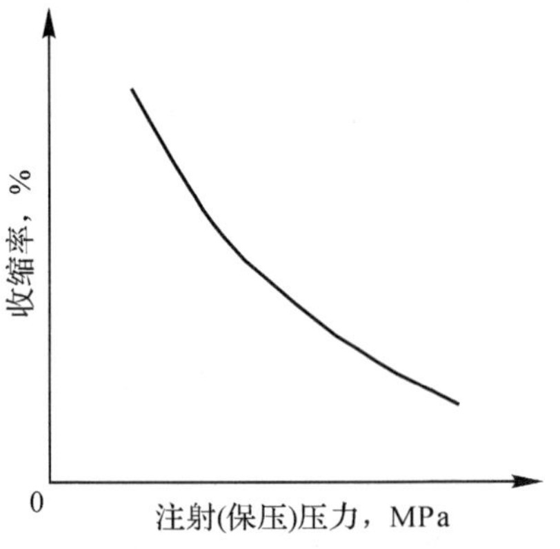

图 3-8　制件收缩率与保压压力的关系

(2) 保压压力控制。

保压压力是决定制件收缩率的主要工艺因素，制件收缩率的大小与保压的大小有关，如图 3-8 所示。保压压大制件的收缩率小。但若制件太大其内应力大，容易引起制件脱模后翘曲变形，甚至难于脱模。通常保压压力低于注射压力，以减小制件凝固后的内应力。

(3) 冷却温度和冷却时间控制。

冷却过程主要是使制件在模具内温度降低到热变形温度以下由熔体变成固体，使残余应力作用减缓，缩短体积松驰时间，从而获得收缩均匀的制件。制件的冷却效果主要取决于两大因素：冷却温度(模具温度）和冷却时间。冷却温度与制件的材料性能和模具结构有关，冷却温度接近热变形温度，可获得高精度制件，冷却温度过高，脱模时制件易变形，且脱模后制件收缩大，制件的精度差；冷却温度过低，模腔内收缩大，使脱模困难，脱模时易损坏制件或使制件变形，使制件的精度降低。冷却时间与注射温度、模具温度、注射保压时间等因素有关，注射温度和高模具温度高，冷却时间长，制件的在模腔内收缩大，制件的精度差；注射保压时间长，制件的在模腔内收缩小，制件的精度高。常用塑料的冷却温度（模温）如表 3-5 所示。

表 3-5　常用塑料的冷却温度

材料	冷却温度 /℃	材料	冷却温度 /℃
POM	90 ～ 120	PPO	50 ～ 110
PA66	110 ～ 120	PC	90 ～ 110
AS	65 ～ 70	PSU	130 ～ 150

（4）开模顶出工艺控制。

开模顶出是成型工艺过程中的最后一个动作，因为精密注射成型制件一般体积较小，顶出速度过快易使制件顶坏或变形，因此应采用慢开慢顶，使制件开型或顶出过程中不易损伤或变形，保证制件的尺寸精度。

（5）车间环境的影响。

成型车间的温度和湿度对制件的精度也有影响。据有关资料论述，不同季节的温度变化引起制件尺寸的变化为 0.4%，湿度变化引起制件尺寸的变化为 0.2%。根据日本东芝公司的经验：一块钟表底板制件，会因为室温变化 4℃ 而有 0.01 mm 的尺寸误差。由此可见保持稳定良好的成型环境条件也是精密注射成型工艺取得良好的结果必不可少的条件。

二、精密注塑模具设计

1. 精密模具应满足的条件

精密成型模具应满足以下条件：

（1）制造精度高，由于模具各组成零件的加工精度高，因此各零件组装后的总精度（组装精度）也高。

（2）刚性好，承受内外压力时不致产生变形，内压指注射压力对模具的作用，外压指合模力对模具的作用。

（3）成型件的冷却要均匀。

（4）设计合理的浇注系统，使制件各部分收缩率和收缩方向尽量减小。

（5）在每个成型周期内，要保证模具各部分每次成型的准确性。

（6）模具的耐磨性要很好，要在常期工作中仍保持高的精度。

2. 加工精度和模具结构

模具零件的加工精度取决于零件的形状、加工机械的种类及精度等，但是基本在于设计容易获得精度的模具结构，这是十分重要的。

一般，精密模具的型腔和型芯部分不直接制在模板上，为使容易加工，并且提高加工精度，以及从考虑到耐久性、需要选择合适的钢材等出发，通常采用嵌合结构和拼合结构。对拼合结构来讲可分为整体加工和分体加工，其精度也不一样，如图 3-9 和表 3-6 所示。

在制成拼合结构的情况下，重要的在于保证模板具有足够的刚性，模板的尺寸不够或者结构不合适等，都会因注射压力而引起变形，即使不破损，也会造成成型件的尺寸精度不良和产生溢料等现象。当然，制造拼合结构时，还存在冷却水路的配置方式和脱模销锥度问题，在构思拼合时要综合考虑。

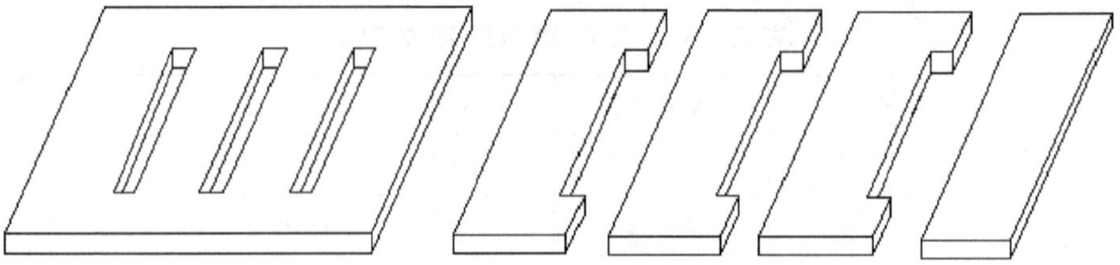

图 3-9 整体加工与分体加工

表 3-6 不同加工方法的矩形孔精度(参照图 3-9)

加工方法		精度 /mm	
		长度(按 50 mm 计)	高度(按 10 mm 计)
整体加工	铣削加工＋手加工电加工	±0.15～0.2 ±0.02～0.1	±0.1 ±0.02～0.05
分体加工	铣削加工磨削加工	±0.01～0.05 ±0.005～0.2	±0.01～0.02 ±0.005～0.01

3. 装配精度

模具的固定模板和移动模板经常保持正确的结合，在成型周期内，每次都需保持正确位置，这不是对精密模具的特别要求，对普通模具也是这样，而对精密成型件只不过是更严格而已。

成型件有凹陷处要在用滑动型芯结构的情况下使滑动型芯位置经常正确，对保持尺寸精度是十分必要的，同时从防止滑动部位卡住及发生事故方面来看，也是十分重要的，小的模具，有在模板上直接制出滑动型芯的导向槽的，如图 3-10 所示，导向槽设有盖板，在防止磨损的同时，还可使其经常在正确的位置上滑动。

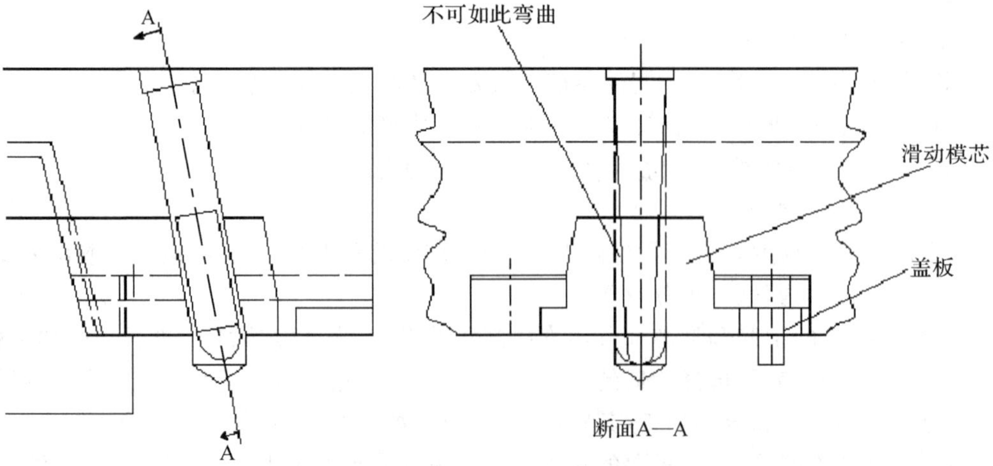

图 3-10 斜销孔的弯曲

4. 模具的刚性

安装在注塑机上的模具因熔融材料的注射压力，使型腔内壁和型芯的各部分受到高压，此外模具本身还受到由锁模力产生的压紧力，因此模具需要具有足够的刚性，以防止上述力所引起的变化。

模具的型腔部分，由于受到成型压力，引起向外扩张变形(图 3-11)，不仅使成型的各部分基本尺寸产生偏差，而且壁厚也发生变化，进而产生溢料现象，因此，夹持型腔部分的模板应具有耐受变形的足够刚性。

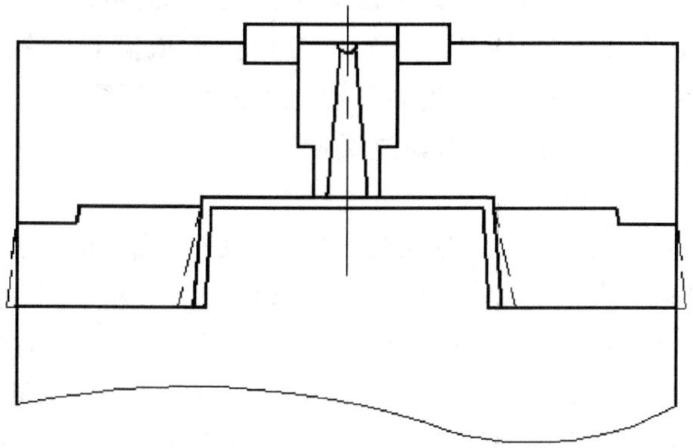

图 3-11 型腔板的变形

除了形腔部分的变形外，还有一个重要的问题是支承型腔或型芯模板的支承板的刚性。支承板由于注射压力致使发生挠曲，这也将关系到成型件的尺寸精度和产生溢料现象，如图 3-12 所示。

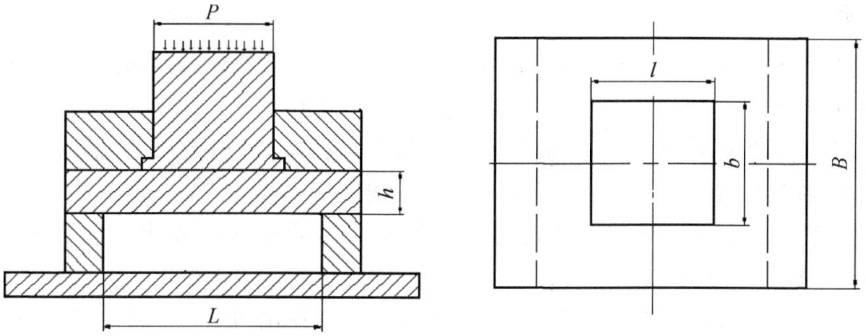

图 3-12 动模支承板的挠曲

这时发生的挠曲量(mm)可用下式计算：

$$\delta=\frac{5PbL^4}{32EBh^3} \qquad (3-4)$$

式中 P—— 成型压力，模内的平均力(MPa)；

B—— 承受成型压力部发的宽度(mm)；

L—— 承受成型压力部分的宽度(mm)；

E—— 模具钢材的弹性模量，约 2.1 MPa。

但是,为了简化算式 $l = L$

L 为垫块的间隔(mm)。

金属模型腔内的平均压力约为注塑机加热料筒注射压力的 30% ~ 60%,普通模具按 35 ~ 50 MPa计算,使用工程料的精密模具采用压力约为100 MPa。普通金属模的挠典值,大约为0.1 mm左右,而对精密模具,当然希望将挠曲值控制得比普通模具小。支承板的厚度h,如由于成型机的间隔尺寸等关系而不能大时,可在几个位置配置贯通的脱料板的支承柱,使支承板少变形。

此外,有关模板的变形(挠曲),一般只考虑由于注射压力的变形,即使加上对模具的锁模力,由于加在模板上的压紧力,还会使各部分发生变形而造成溢料。就精密模而言,从提高形状精度,减小成型收缩率等目的来看,采用高注射压力的情况居多,常引起模板的变形,特别是小型模具需采用高成型压力时,要首先考虑这类问题。

5. 流道的配置及浇口的平衡

流道的配置大致取决于成型件数(型腔数)和浇口的方式,如成型件数多,则由于模具各型腔间尺寸的偏差和熔融材料的充填状况不同,成型件的尺寸精度难免要降低。因此,在用精密模具时,成型件数尽量要少,一般推荐 2 ~ 4 个,考虑到成本,一次的成型件数最多为 8 个。

成型件数多的精密模,浇口平衡是个重要问题。各型腔应尽量同时充填完毕,这是很要的,因此,熔融材料将以相同的状态同时充填各型腔,使任何一个型腔内的成型压力均相同。此外,开始冷却的时间相同,只有这样,各型腔的成型件质量才能谋求达到均匀一致。

为达到浇口平衡,多数是凭经验或采用试注射的办法。最近美国的 CE 公司所采用的办法是使用计算机,把流道和浇口内熔融材料的流动状况及其他情况等作为参考,精密地计算出每个型腔的流道、辅助流、浇口等的尺寸,使熔融材料同时充填各型腔,以此来谋求提高成型件的质量。目前这种称为 Moidflow System 的方法正在进一步开发之中。

6. 成型件的脱模

要使成型件不产生变形,从模具中顺利地取出,这对要求高精度的制件显得特别重要。但是对精密成型件来说,其脱模斜度往往不允许太大,因此有必要对下列各点予以考虑。

(1) 顶杆直径的大小,在许可的范围内应尽量大,顶杆的数目宜多,根据制品的形状,还可同时使用脱模板和顶杆,能使制件平稳而顺利地脱模。

(2) 各个顶杆的顶出力必需均等,根据情况,将上述的支承柱兼作脱模板的导柱用,如图 3 - 13 所示,使脱模板滑动顺畅。

(3) 型控和型芯的脱模斜面的研磨方向应与制件的顶出方向一致,在脱模斜面上不应留有切削刀痕。

7. 模具的冷却

不仅是在精密成型的情况下,合理的模具冷却要求是:必须使成型件的各部分均匀冷却。但一般模具的型芯部分的冷却,由于模具结构较为复杂,在小零件的情况下往往是被忽略的。用铍铜或铝等导热性好的材料制成的棒材,插入型芯的中心孔中,底部通以冷却水,这时如果插入孔和棒之间有间隙,就影响导热,因此把低熔金属灌入如图 3 - 14 所示的间隙内或塞进金属粉末。将一种热管插入,可取代上述的导热棒,其效果更好。此外也可涂敷一种导热涂料,取代塞金属粉末。

还有,对套筒状的细长筒形制件,在形成中空部的型芯销中设置有贯通孔,如向其中通以冷却水或压缩空气等，则可提高中空部的圆度，并能起到减少制件径向振摆的作用。

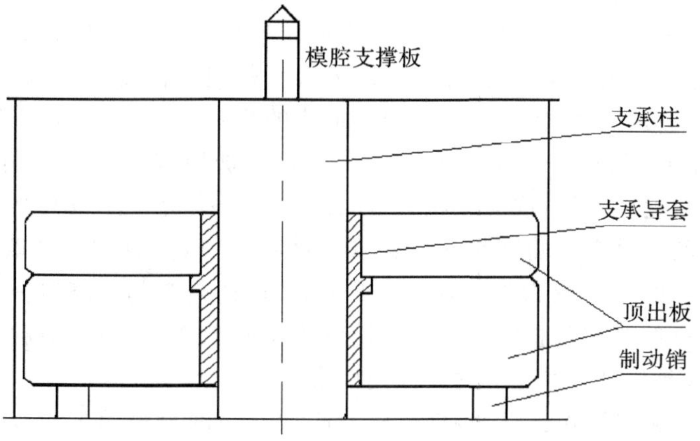

图 3-13　顶出机构的导向

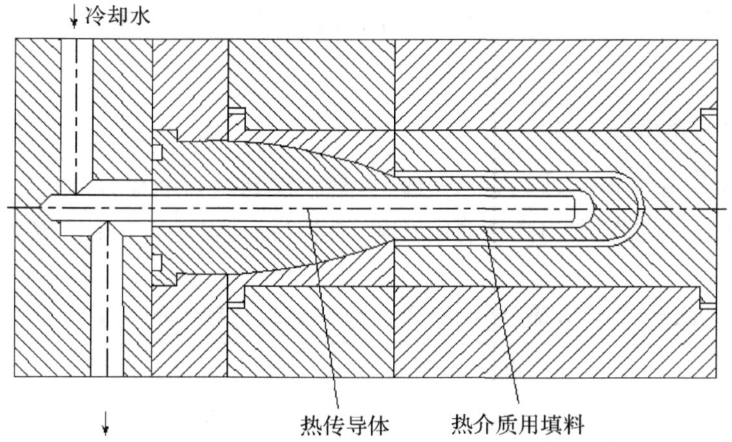

图 3-14　用热传导体型芯的模具的冷却

8. 制品的收缩与分析

排除模具精度和设备对制品的精度影响以外，从高分子物理学的角度来讲。影响制品精度的主要因素是由成型工艺过程中所表现出来的三种收缩现象所致。

(1) 热收缩。在成型过程中处于高温熔体状态的高聚物在充模和固化时，模具型腔的积累热量或冷却会产生一种收缩现象，这种现现象被称为“热收缩”。这种现象不仅塑料高分子有，金属材料也有，也可称为“热物理现象”。热收缩可按下式表示：

$$\Delta L = L_0[a_r(t_r - t_0) - a_m(t_m - t_0)] \tag{3-5}$$

式中　L_0 —— 制品在常温下的尺寸；

a_r, a_m —— 成型材料与模具材料的线膨胀系数；

t_r, t_m —— 注射温度和模具温度；

t_0 —— 室温。

从上式可以看出：① 收缩量与材料的膨胀系数有关；② 模温高，收缩率也高。

(2) 相变收缩。用结晶性材料进行精密注射成型时，由于高聚物在定型过程中伴随着大分子的结晶，比容减小时引起收缩，这种现象称为“相变收缩”。分析成型过程中的情况可以知道，当模腔中的熔体冷却至接近于结晶化温度附近。这样就会引起比容的急剧变化，产生“相复收缩”的现象。模具温度高，结晶度高，收缩率大。但是结晶度高的制品密度高，线膨胀系数小，收缩率低，因此这二者的作用决定了制品最终的收缩率。

(3) 取向收缩。熔融体在充模时沿流动方向将产生剪切应力，使大分子链取向，取向的强弱与注射速度对应。速度越快，取向就越大。取向的同时大分子链也被强行拉伸。当冷却时被拉伸的大分子链就要重新卷曲恢复。这种现象就称为“取向收缩”。“取向收缩”有两个明显特点：一个是方向性，一个受力作用性。“方向性”往往与模具的浇口位置和型腔内的几何面有关。不同的浇口位置和型腔内几何面会使熔体流向起变化，最终引起不同方向的收缩效应。受力作用性，主要是对注射速度的反作用而言。

从以上例举的现象可以看出，影响精密注射成型制品的最终精度与成型的工艺条件密切相关，因此我们必须细心分析精密注射成型的工艺因素，严格控制工艺条件。

3.3 高性能工程塑料的注射成型模具设计

一、主要性能和特点

无论根据材料突出的耐热性和力学性能，还是根据其较高的成本和加工条件，聚酰亚胺、聚芳醚酮和聚芳醚砜等都应归为高性能或特种工程塑料。表3-7列出了该类树脂与加工和制品相关的部分性能。

表3-7 非晶、半晶和液晶高性能工程塑料的性能比较

塑料类型	非晶高聚物	半晶高聚物	液晶高聚物
熔点	逐渐软化没有真正熔点	相对窄而明确	范围值，熔融热较低
加工流动性	黏度较大，约比半晶聚合物高一数量级	在熔融温度以上很容易流动	在熔融区附近及在剪切下极易流动
取向和收缩	在熔体和固体状态均无规取向，收缩率低	在固体中分子有序排列，收缩较大	在熔体和固体中分子链都形成高度连续和有序结构
增加效应	在 T_g 以下改善负载能力	对高结晶度材料提高热变型温度和改善负载能力	降低各向异性，提高负载能力
外观	可透明	一般不透明	不透明
聚合物实例	聚醚酰亚胺(PEI) T_g:250～280℃ 聚醚砜(PES) T_g:225℃ 酞侧基聚芳醚砜(PES) T_g:250℃ 酚酞侧基聚芳醚酮(PEK-C) T_g:215℃	聚醚醚酮(PEEK) T_g:143℃ T_m:334℃ 聚苯硫醚(PPS) T_g:150℃ T_m:285℃	Vectra HDT:177～240℃ Xydar HDT:260～355℃

高性能工程塑料的注射成型温度高达 300 ～ 400℃。应使用具有较高注射压力的注射速度的螺杆式注塑机，并选择耐磨损、耐腐蚀的螺杆和料筒，配置合适的加热元件和功率。其他要求与普通工程塑料相同。国内尚无水平较高并适用于高性能工程塑料的注塑机产品。

二、预处理和注射工艺

热塑性的高性能工程塑料一般都含有醚、砜、酮等极性基团，容易吸潮。粉料和粒料在夏季的平衡吸水率可分别达 2% 和 1%。挤出和注塑前都应进行干燥处理，以真空干燥为最佳。一般需在 120 ～ 150℃ 干燥 3 ～ 5 h 或 5 h 以上。对一般制品，含水率应控制在 0.1% 以下。

高质量的成型件取决于正确的模具设计和加工工艺。由于高性能工程塑料的加工温度均接近其热交联温度，因此料筒温度不应过高地超过表 3-8 中的推荐温度，树脂在热料筒的停留时间不要过长，最好不超过半小时。对薄壁或长流程制品，应选择较高的料筒温度和注射压力。注射压力也应根据材料的变化进行调整。图 3-15 是注射压力对 PEK-C 螺旋线流动长度的影响，表明提高注射压力是改善树脂熔体流动性的十分有效手段。注射速度等工艺参数也需视材料的配方及制件的尺寸和复杂性进行调整。表 3-8 给出了几种高性能工程塑料的一般注塑工艺条件。

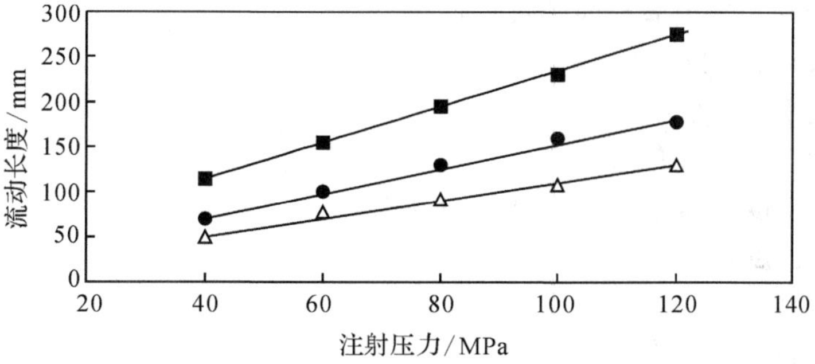

图 3-15　不同分子量 PEK-C 树脂螺旋线流动长度对注射压力的依赖性

表 3-8　几种典型高性能工程塑料的注射成型参数

成型参数		PEK-C	PES	PPS	PEEK	Vectra-E
料筒温度 /℃	喂料区	300 ～ 320	300 ～ 330	305 ～ 335	330 ～ 380	335
	中　区	320 ～ 340	320 ～ 350	310 ～ 340	350 ～ 400	340
	前　区	330 ～ 360	330 ～ 360	315 ～ 340	350 ～ 400	330
	喷　嘴	330 ～ 360	330 ～ 360	315 ～ 340	350 ～ 400	340
模具温度 /℃		150 ～ 170	140 ～ 160	140 ～ 160	140 ～ 180	30 ～ 100
注射压力 /MPa		120 ～ 160	100 ～ 140	35 ～ 105	120 ～ 160	10 ～ 50
注射速度		中 ～ 高	中 ～ 高	中 ～ 高	中 ～ 高	高
螺杆背压 /MPa		3 ～ 5	5 ～ 7	无	5 ～ 10	无
螺杆速度 /(r・min^{-1})		中	50 ～ 60	40 ～ 100	50	中

三、模具设计要点

由于高性能工程塑料的熔体温度很高，特别在使用增强或填充材料时，模具须配备油浴或电加热装置。模温不仅影响制品的表面质量，而且对物料流动长度、熔接痕强度及制品内残留应力等有重要影响。流道不宜太长，其截面积和浇口尺寸应比一般塑料模具适当增强。在模具设计时还要充分考虑型腔的排气，否则极易造成表面缺陷或焦痕。

四、制品特点

模具可在－100～200℃甚至更高温度范围内保持良好的刚性、韧性和尺寸稳定性。有突出的耐磨性和耐油、耐药品性、阻燃、耐焊锡、耐 γ 射线。

模具可用于制造各类电子、电器元件，如高可靠接插件、线圈骨架等；汽车等机械零部件，如轴承保持架、轴瓦、密封滑块和齿轮等；医疗和化工等领域的蒸汽阀门、化学或高温水泵体和叶轮等；核电站用零件和绝缘制品。

五、故障分析处理

如表3-8所示，高性能工程塑料有多种牌号，在注射成型中易出现的不正常现象也会有所不同。现仅就部分较重要的共性问题建议如下：

1. 注射不满，缩痕和表面波纹

(1) 补料火减小缓冲垫；

(2) 提高注射压力和速度；

(3) 提高料筒温度或螺杆转速，以提高熔体温度；

(4) 提高模具温度；

(5) 检查型腔排气是否阻塞；

(6) 扩大流道和浇口尺寸。

2. 飞边

(1) 检查合模状态及模具分型面的情况；

(2) 降低注射压力、速度；

(3) 缩短保压时间；

(4) 改用大锁模力设备或低黏度树脂。

3. 制件尺寸不稳定

(1) 检查喂料和塑化的重复性；

(2) 尽量快速充模；

(3) 延长冷却时间；

(4) 检察油压和电气系统；

(5) 加大浇口，改善排气；

(6) 调整流道浇口和型腔的布局，或减少型腔数目。

4. 翘曲变型和开裂

(1) 检查材料是否被污染；

(2) 调整模温分布，检查顶出是否均匀；

(3) 延长合模时间,调整模温；

(4) 调整浇口位置,改善充模方式；

(5) 预热金属镶嵌件；

(6) 用定型架进行冷却。

5. 熔接痕

(1) 提高注射压力和速度；

(2) 提高物料和模具温度；

(3) 改善熔合取的排气；

(4) 增设熔合井；

(5) 改单浇口或加大浇口尺寸；

(6) 调整浇口位置,改善充模方式。

第 4 章　金属材料压铸模设计

4.1 概　述

一、压铸机类型、压铸工艺过程及特点

压力铸造成型就是将液态或半固态的金属流体以高压、高速充入压铸模型腔，并在压力下快速凝固而获得制件的一种成型方法。各种压铸机压铸工艺过程及特点如下：

1. 热室压铸机的压铸工艺过程及特点

热室压铸机的压铸原理如图 4-1 所示。图中坩埚 1 直接与压铸机相连，当压射活塞 3 上升移出液面后，坩埚 1 内的金属流体进入坩埚上的压室，合模后，压射活塞向下运动，以高压、高速将流体射入型腔，冷却凝固后，压射活塞回升，然后开模取出制件，完成一个压铸循环。

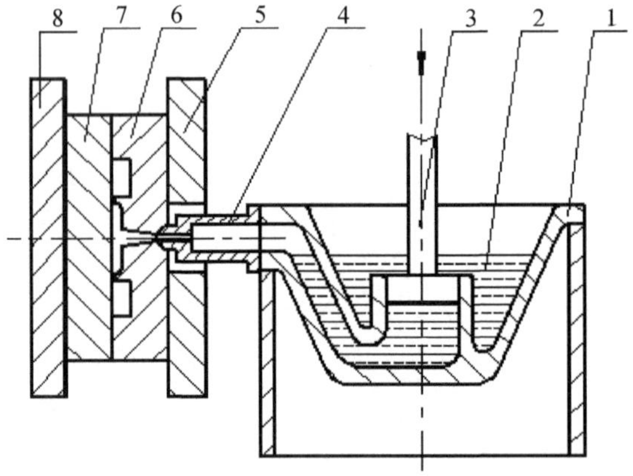

图 4-1　热室压铸机的压铸原理

1—坩埚；2—金属液；3—压射活塞；4—喷嘴；5—机床静模板；6—静模；7—动模；8—机床动模板

热室压铸机的工艺特点是金属流体从熔融的液面下进入压室，杂质不易带入，且生产效率高。但压室和压射活塞长期浸于熔融的金属流体中，使合金中的铁含量增加，又坩埚直接与压铸机相连，长期工作会使模具寿命降低，故只适用于压铸铅、锡、锌等低熔点合金。

2. 冷室卧式压铸机的压铸工艺过程及特点

冷室卧式压铸机的压铸原理如图 4-2 所示。压室 3 水平安装在机床静模板上，动模 6 和

静模 5 合模后，金属液浇入压室 3 中，压射活塞 1 缓慢向前移动，移动位置超过压室的金属液浇入口后，再以高压高速将金属液压入型腔，冷却凝固后，压射活塞 1 返回，然后开模取出制件，完成一个压铸循环。

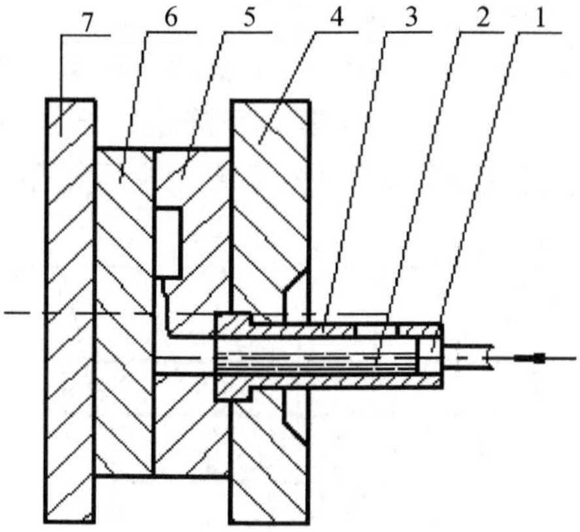

图 4－2　冷室卧式压铸机的压铸原理

1—压射活塞；2—金属液；3—压室；4—机床静模板；5—静模；6—动模；7—机床动模板

冷室卧式压铸机的工艺特点是金属液浇入型腔时转折少，压力损失小，有利于发挥增压机构的作用，且压室 3 可上下移动，直浇道既可偏心也可中心，开设浇注系统比较灵活。但金属液在压室中与空气接触面积大，压射时易卷入空气和氧化夹渣。

3. 冷室立式压铸机的压铸工艺过程及特点

冷室立式压铸机的压铸原理如图 4－3 所示。压室 3 垂直安装在机床静模板上，动模 7 和静模 6 合模后，金属液浇入压室 3 中，压射活塞 4 缓慢向下移动，移动到压室一定位置后，再以高压高速将金属液压入型腔，冷却凝固后，压射活塞 4 返回，然后返料活塞 1 向上移动顶出余料，然后再开模取出制件，完成一个压铸循环。

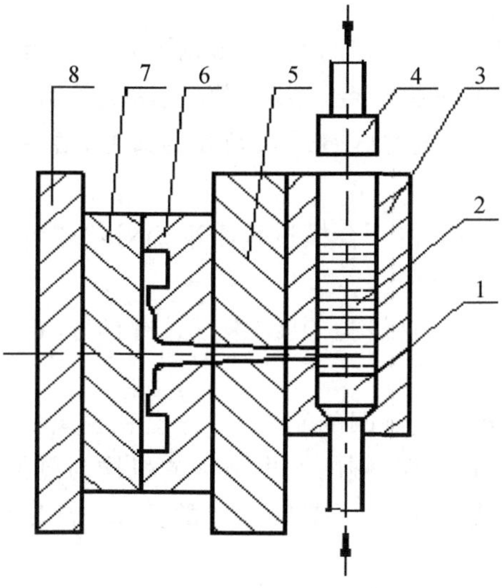

图 4－3　冷室立式压铸机的压铸原理

1—反料活塞；2—金属液；3—压室；4—压射活塞；5—机床静模板；6—静模；7—动模；8—机床动模板

冷室立式压铸机的工艺特点是金属液浇入型腔时转折多，压力损失大，不利于发挥增压机构的作用，且余料切断前不能开模，影响生产率。但金属液浇入直立的压室中，有利于防止杂质进入型腔，冷室立式压铸机一般适用于需要设置中心浇口的制件。

4. 冷室全立式压铸机的压铸工艺过程及特点

冷室全立式压铸机的压铸压铸原理如图 4－4 所示。压室 2 垂直安装在机床静模板上，动模 6 和静模 5 打开，金属液浇入压室 2 中，动模 6 和静模 5 合模，压射活塞 3 向上以高压高速将金属液压入型腔，冷却凝固后，开模取出制件，完成一个压铸循环。

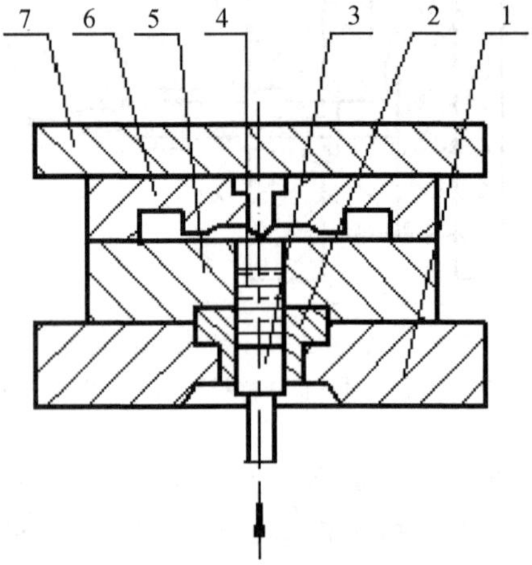

图 4－4 冷室全立式压铸机的压铸原理

1—机床静模板；2—压室；3—压射活塞；4—金属液；5—静模；6—动模；7—机床动模板

冷室全立式压铸机的工艺特点是金属液浇入型腔时转折少，压力损失小，金属液注入直立的压室中，带入型腔的空气少，且模具水平放置，稳固可靠，放置嵌件方便。

二、压铸模的结构组成

压铸模的结构组成与注射模基本相同，主要由以下几部分组成。

(1)成形零件：由动模型腔、静模型腔、型芯、镶块、活块等组成。

(2)浇注系统：是流体由压铸机的压室进入型腔的通道，由主流道、分流道、进料口、缓冲槽组成。

(3)导向系统：是保证动、静模在开合模过程中准确对位或者脱模机构运行准确、平稳而设置的部件，由导柱和导套或导孔组成。

(4)脱模机构：完成制件脱模的机构。其结构形式有推杆、推管和推板三种形式，这三种形式可任意组合使用。

(5)侧抽芯机构：对于有侧孔或侧凹的制件，对开模和脱模形成障碍，必须在开模和脱模的同时，侧向抽出障碍完成开模和脱模，侧向抽出障碍的机构为侧抽芯机构。

(6)调温系统：为了满足成型工艺对模具温度的要求，需要有调温系统对模具温度进行调节。

(7)排气系统：为了顺利地把型腔内的气体排除干净，避免产生气泡、对接痕、充型不足等缺陷，在型腔内的死角部位应设置排气槽。排气系统设计非常灵活，可通过合理的分型面、顶杆、型芯、活块、镶块等达到排气的目的。

(8)其他辅助部件：如支承固定零件、定位和限位零件等。

金属材料压铸模与高分子材料注射模的结构、组成及各组成部分的设计基本相同，主要是浇注系统有所不同，故本章主要对浇注系统设计进行详细讲解。

4.2　浇注系统设计

压铸浇注系统是压铸模中极为重要的组成部分。在压铸生产中，浇注系统对减少模具投产前的试模次数、压铸件的质量、压铸操作的效率、模具的寿命、压铸件的清理、压铸合金的重熔率、压铸机能力的利用效率等许多方面有重大的影响。浇道系统是引导金属液以一定的方式填充型腔的通道，对金属液的流动方向、排气条件、模具的热状态、压力的传递、填充时间的长短以及金属液通过内浇道处的速度等各个方面起着重要的控制作用和调节作用。

一、浇注系统的组成及结构形式

浇口系统由直浇道、横浇道、内浇道、余料组成。各种压铸机的浇道系统结构形式如图 4－5所示。

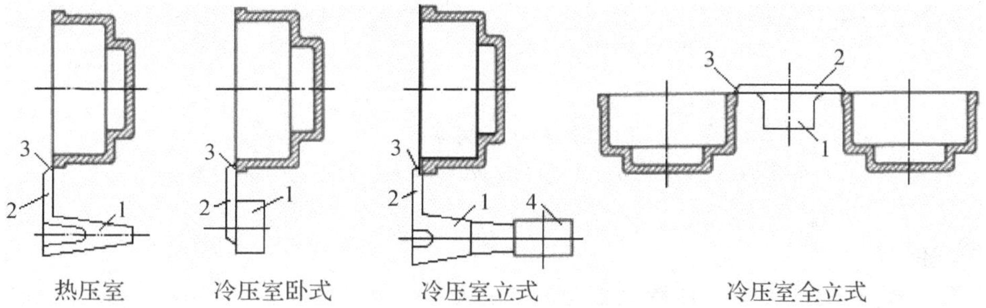

图 4－5　浇注系统的组成及结构形式

1—直浇道；2—横浇道；3—内浇道；4—余料

二、浇注系统的分类

浇注系统按金属液进人型腔的部位和内浇口形状，大体可分为下列几种类型：侧浇口、中心浇口、顶浇口、环形浇口、缝隙浇口和点浇口等。各种类型的浇注系统适应不同结构铸件的需要。

1. 侧浇口

侧浇口如图 4－6 所示，其特点如下：

(1)图 4－6(a)适应性强，可按铸件的结构特点，布置在外侧面，如板类铸件等。

(2)图 4－6(b)为了改善充填条件，可设置辅助性的外侧分支浇口。

(3)图 4－6(c)铸件内孔有足够位置时，可布置在内侧面，使模具结构紧凑，又可保持良好的热平衡条件，如环形、框形等铸件。

(4)图 4－6(d)适用于多腔模，提高生产效率。

(5)去除浇口较方便。

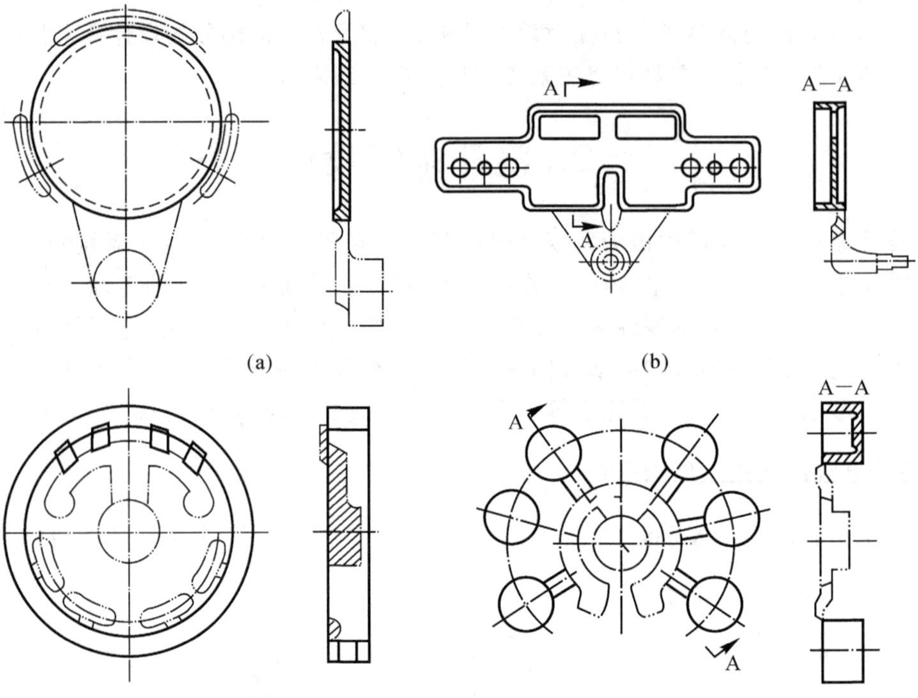

图 4-6　侧浇口

(a)外侧浇口；(b)外侧分支浇口；(c)内侧分支浇口；(d)多腔侧浇口

2. 中心浇口

中心浇口如图 4-7 所示，其特点如下：

(1)金属液从型腔中心部位导人引向分型面，有利于排气。

(2)金属液流程短，分配均匀。

(3)模具结构紧凑。

(4)浇注系统金属消耗量较少。

(5)改善压铸机的受力状况，提高压铸模中有效面积的利用率。

(6)一般常用于单型腔的模具。

(7)切除浇口不便。

3. 顶浇口

顶浇口如图 4-8 所示，其特点如下：

(1)直浇道与铸件连接处即为内浇口，其截面积较大，有利于静压力的传递。

(2)金属液流程短，分配均匀，充填及排气条件较好。

(3)直浇道底部不能设置分流锥，金属液直接冲击模具表面，影响使用寿命。

(4)铸件与直浇道连接处为热量集中区域，容易产生缩孔。

(5)铸件端面积较大，开模拉出直浇道时，铸件易产生变形。

(6)切除浇口不便。

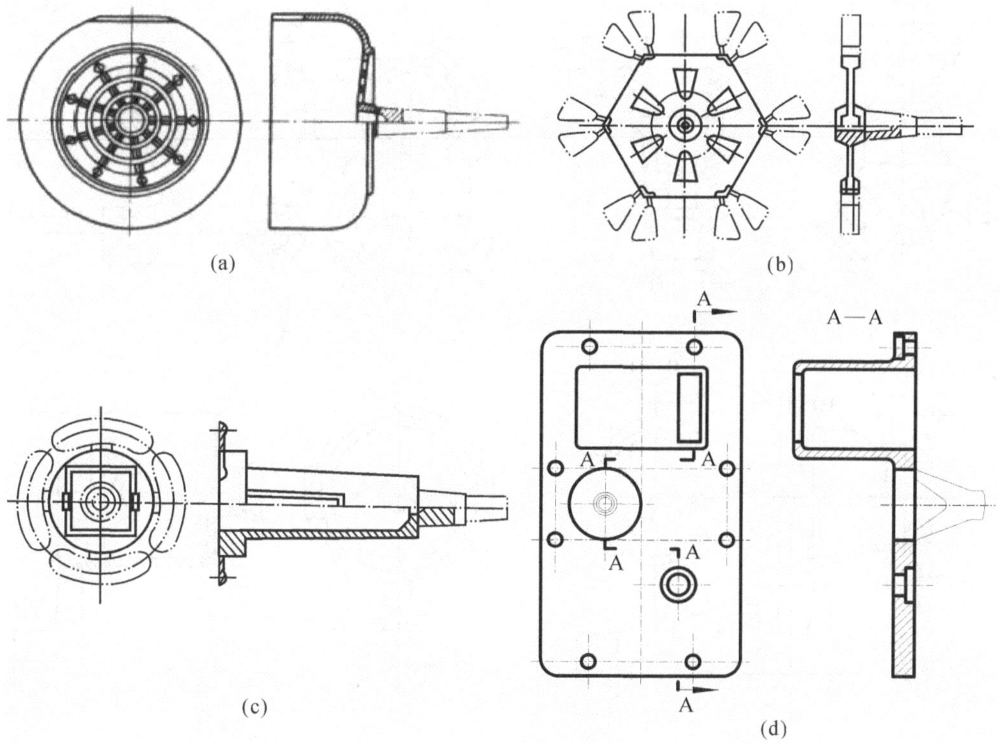

图 4-7　中心浇口

(a)端盖类铸件；(b)平板带边缘凸台铸件；(c)深孔类铸件；(d)平板带深孔类铸件

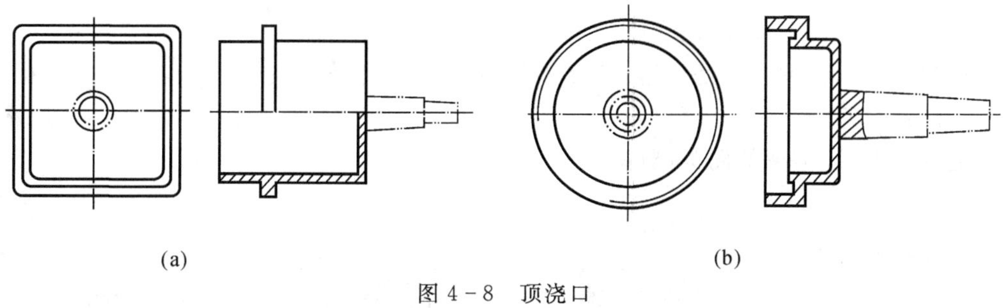

图 4-8　顶浇口

(a)深匣类铸件；(b)筒形铸件

4. 环形浇口

环形浇口如图 4-9 所示，其特点如下：

(1)金属液沿型壁充填型腔，流路顺畅，避免正面冲击型芯，排气条件良好，有利于提高铸件内部和表面质量，延长模具使用寿命。

(2)在环形浇口和溢流槽处可设推杆，使铸件上不留推杆痕迹。

(3)增加浇注系统金属消耗量。

(4)去除浇口较方便。

(5)适用于深腔、薄壁的圆筒类制件。

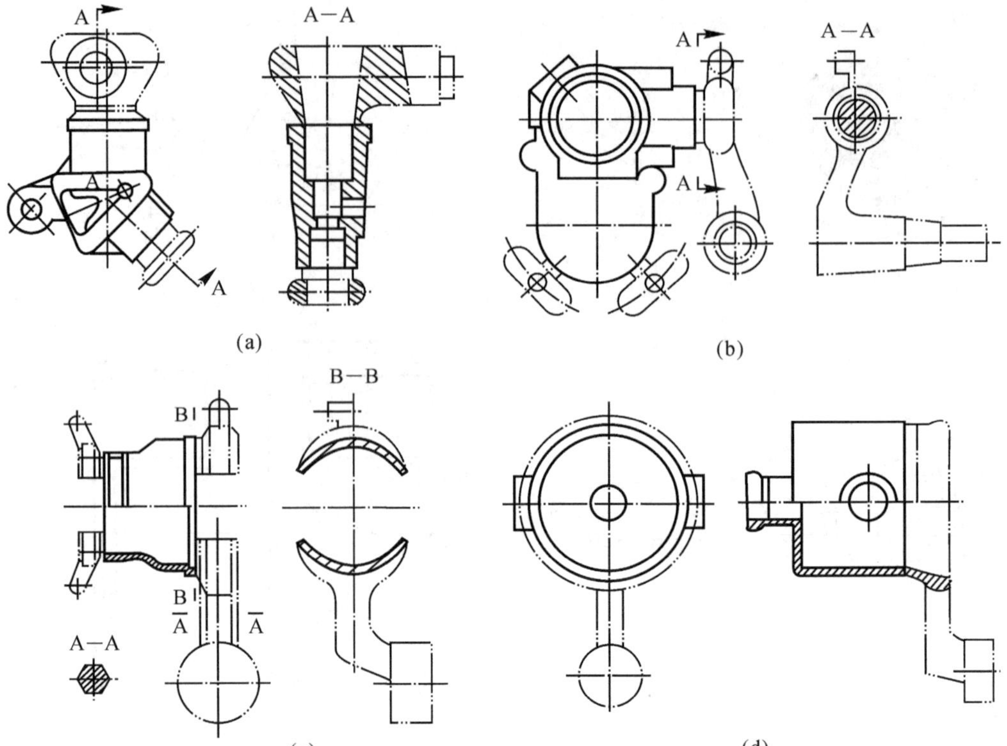

图 4-9 环形浇口

(a)接头类铸件； (b)罩盖类铸件； (c)接插件类铸件； (d)筒体类铸件

5. 缝隙浇口

缝隙浇口如图 4-10 所示，其特点如下：

(1)内浇口设置在型腔深处，成长条缝隙顺序充填，排气条件较好。

(2)切除浇口麻烦。

(3)适用于深腔、薄壁的筒类制件。

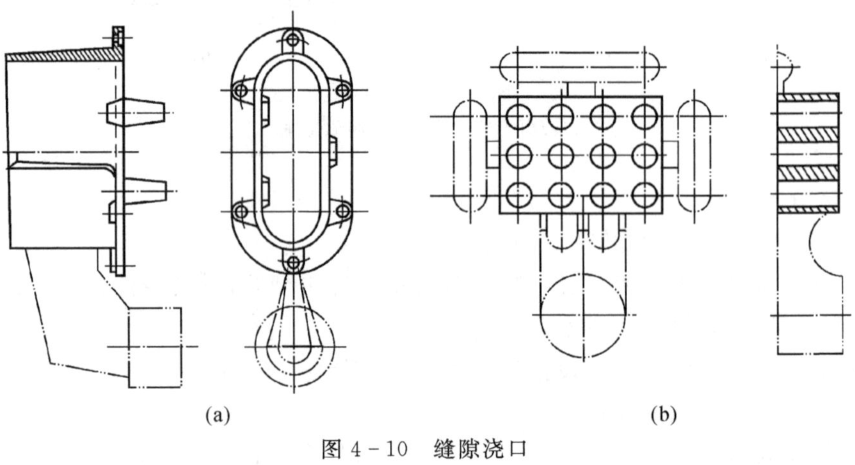

图 4-10 缝隙浇口

(a)深腔薄壁类铸件的单支缝隙式浇口； (b)深腔薄壁多孔类铸件的分支缝隙式浇口

6. 点浇口

点浇口如图 4－11 所示，其特点如下：

(1)金属液由铸件的顶部充填型腔，流程短且均匀。

(2)改善压铸机的受力状况，提高压铸模有效面积的利用率。

(3)金属液导人型腔处，直接受到冲击，容易产生飞溅和粘模现象，影响铸件质量。

(4)模具结构复杂，需要二次开型。

(5)常用于外形对称的薄壁壳体铸件。

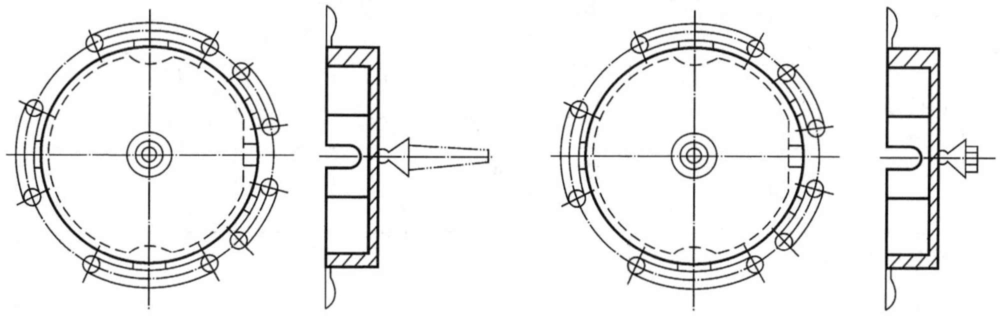

(a)　　(b)

图 4－11　点浇口

(a)平盖类铸件(立式压铸机)；　(b)平盖类铸件(卧式压铸机)

三、浇注系统设计

(一)直浇道设计

金属材料的压铸成型，不管是那一类压铸机的模具，直浇道都不直接开设在模板上，而是开在模具的浇口套上。

1. 立式冷室压铸机直浇道设计

(1)直浇道设计要点。

立式冷室压铸机直浇道结构如图 4－12 所示。

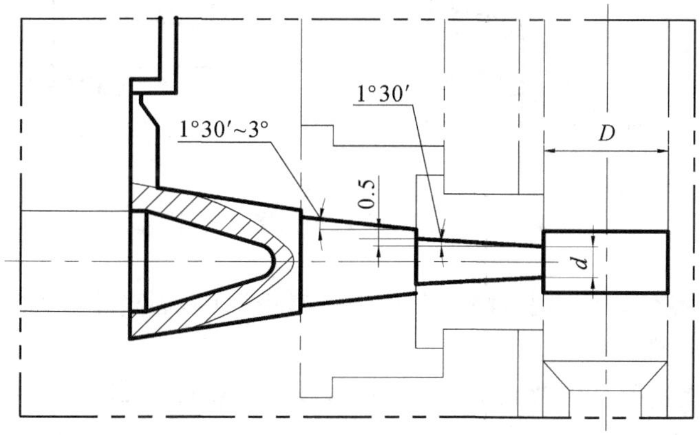

图 4－12　立式冷室压铸机直浇道结构

1)喷嘴导入口直径大小决定流入型腔流体的比压,所以准确确定喷嘴导入口直径很关键,一般根据合金种类和制件重量来确定。确定参数见表 4-1。

2)浇口套入口直径应比喷嘴导出口直径大 1～2 mm。

3)喷嘴部分直浇道的出模斜度取 1°30′,浇口套部分直浇道的出模斜度取 1°30′～3°。

4)直浇道与横浇道连接处要以圆角过渡,以使金属液流动顺畅。

表 4-1 喷嘴导入口直径确定参数

喷嘴导入口直径 d/mm		7～8	9～10	11～12	13～16	17～19	21～22	23～25	27～28	29～30
锌合金 铝合金	铸件质量/g	<100	100～250	200～350	350～700	700～1 200	1 000～2 000			
铜合金	铸件质量/g	<50	50～120	100～200	180～350	320～700	600～1 000	800～1 500	1 200～1 600	1 600～2 000
	铸件质量/g	<100	100～250	200～350	300～700	650～1 000	800～1 500			

注:制件重量包括浇注系统。

(2)浇口套的结构形式。

立式冷室压铸机浇口套的形式如图 4-13 所示。

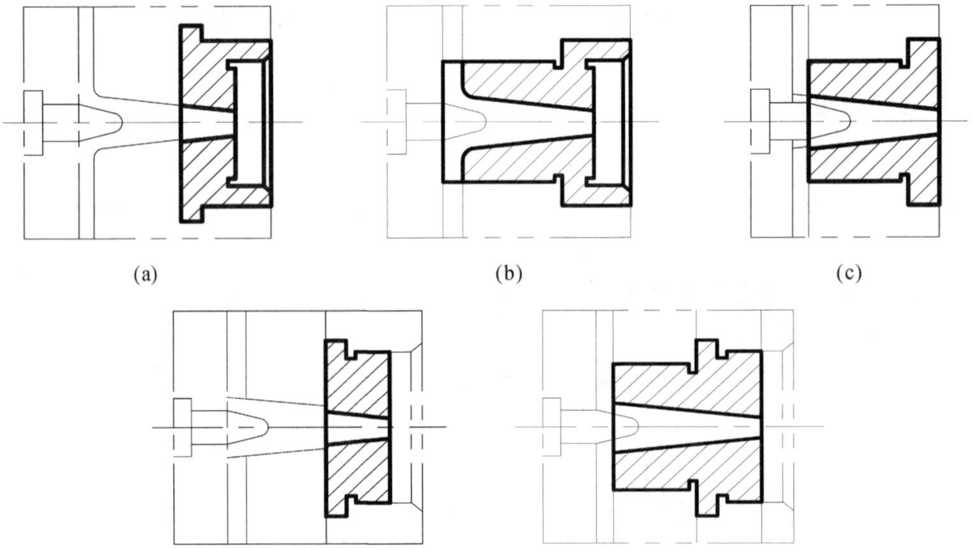

(a) (b) (c) (d) (e)

图 4-13 立式冷室压铸机浇口套的形式

图 4-13(a)直浇道部分分别由浇口套和定模镶块构成,固定牢靠,但增加接合面,易产生横向飞边,影响直浇道顺利出模。

图 4-13(b)直浇道部分由浇口套一体构成,设有定模座板,浇口套用定位销固定使不会因浇口套转动而产生横浇道错位。

图 4-13(c)直浇道部分由浇口套一体构成,不需要定位销固定,拆装方便。

图 4 - 13(d)直浇道部分分别由浇口套和定模镶块构成，特点同图 4 - 13(a)结构，但浇口套和喷嘴的同心度误差较大。

图 4 - 13(e)直浇道部分由浇口套一体构成，金属液流动顺畅，固定牢靠，但装拆不方便。

(3)分流锥的结构形式。

分流锥的结构形式如图 4 - 14 所示。

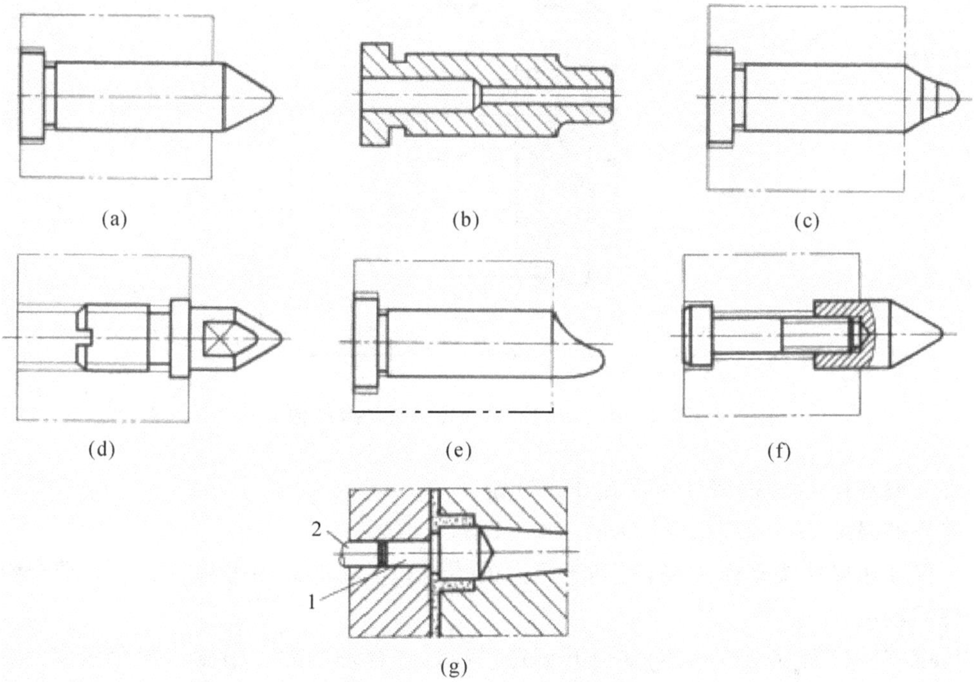

图 4 - 14　分流锥的结构形式

图 4 - 14(a)为圆锥形分流锥，它导向效果好，结构简单，使用寿命长，应用较为广泛。

图 4 - 14(b)为中心设有推杆的分流锥，它导向效果好，且能平稳地推出直浇道，推杆间隙有助排气，应用较为广泛。

图 4 - 14(c)在圆锥面上设置凹槽的分流锥，增大金属液冷凝收缩时包紧力，有助于将直浇道拉出，作为辅助方式在必要的情况下采用。

图 4 - 14(d)尾部为螺钉式的圆锥形分流锥，它导向效果良好，锥面两侧设有扳手夹持面以便装拆分流锥，同时使金属液冷凝收缩增大包紧力，有助于直浇道出模，结构紧凑，易于标准化。

图 4 - 14(e)为偏心圆锥形分流锥，它有助于将金属液导至一个方向，适用单一型腔侧向分流 。

图 4 - 14(f)尾部为螺孔式的分流锥，它导向效果好，分流锥耗量较少，在动模镶块较厚、分流锥尺寸过长时采用这种形式。

图 4 - 14(g)为镶嵌式或型芯式分流锥，分流锥是成型零件，压铸后与铸件一起出模，然后在铸件热状态下敲击分流锥的尾部，使内浇口断裂，代替切割浇口的工作量。

2. 卧式冷室压铸机直浇道设计

(1)直浇道设计要点。

卧式冷室压铸机直浇道结构如 4－15 图所示。

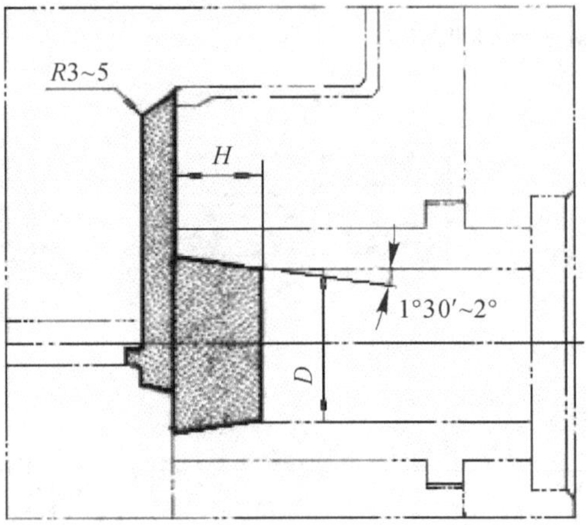

图 4－15　卧式冷室压铸机直浇道结构

1)直浇道直径 D 根据铸件所需比压来选定。

2)直浇道厚度 H 一般取直径 D 的 1/2～1/3。

3)为保证压射冲头动作顺畅，有利于压力的传递和金属液充填平稳，压室内径与浇口套内径应保持同轴度。

4)压室和浇口套宜制成一体，如分开制造时应选择合理的配合精度和配合间隙。

5)为了使直浇道从浇口套中顺利脱出，可在靠近分型面一端长度为 15～25 mm 范围的内孔处，设有 1°30′～2°的出模斜度。

6)与直浇道相连结的横浇道一般设置在浇口套的上方，防止金属液在压射前流人型腔。

7)压室和浇口套的内孔，应在热处理和精磨后再沿轴线方向进行研磨，其表面粗糙度不得高于 $Ra0.2$。

(2)浇口套的结构形式。

立式冷室压铸机浇口套的形式如图 4－16 所示。

图 4－16(a)接合面少，金属液流人顺畅，装拆方便，但易松动，压室同浇口套不同轴度偏差较大。

图 4－16(b)接合面少，金属液流动顺畅，但装拆较为不便。

图 4－16(c)用于卧式冷压室压铸机采用通用压室时点浇口的浇口套。

图 4－16(d)接合面少，金属液流顺畅，装拆方便，压室同浇口套不同心度偏差值较小，但浇口套耗料较多。

图 4－16(e)用于卧式冷压室压铸机采用中心浇口的浇口套。

3. 热压室压铸机直浇道的设计

(1)直浇道的设计要点。

热压室压铸机直浇道结构如图 4－17 所示。

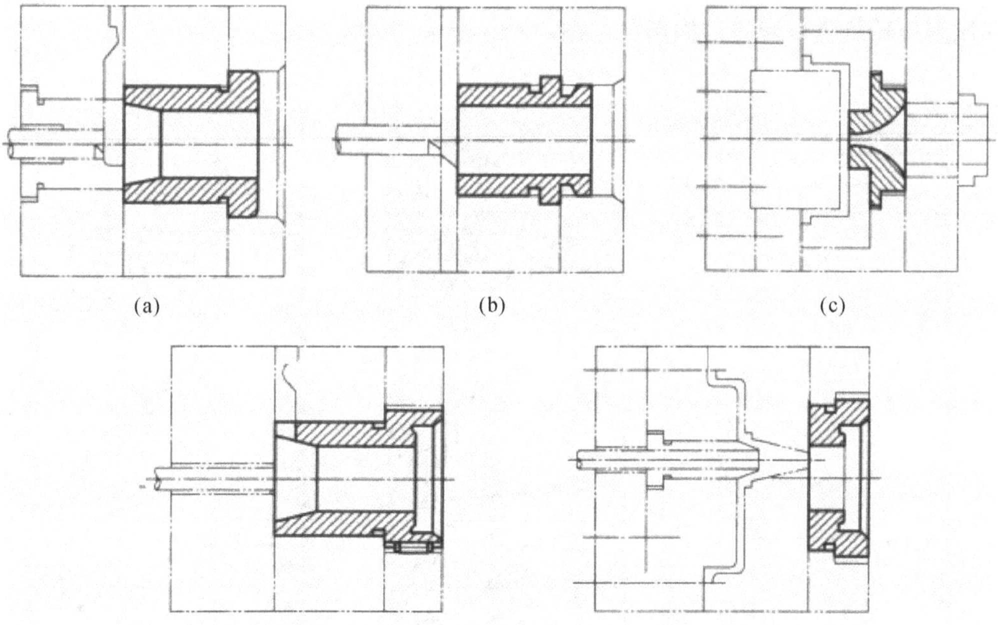

图 4-16　卧式冷室压铸机浇口套的结构形式

1)直浇道中心设有较长分流锥，以调整直浇道的截面积，改变金属液流向，减少金属消耗量。

2)直浇道环形截面处内孔及侧壁之间厚度，对于小件一般取 2～3 mm，对于中等铸件一般取 3～5 mm。

3)直浇道的单边斜度，根据直浇道不同的长度，一般取 2′～6′，浇口套的内孔应取 R_a 值小于 0.2。

4)为适应高效率热压室铸机生产的需要，要求在浇口套喷嘴和分流锥内部布置冷却系统。

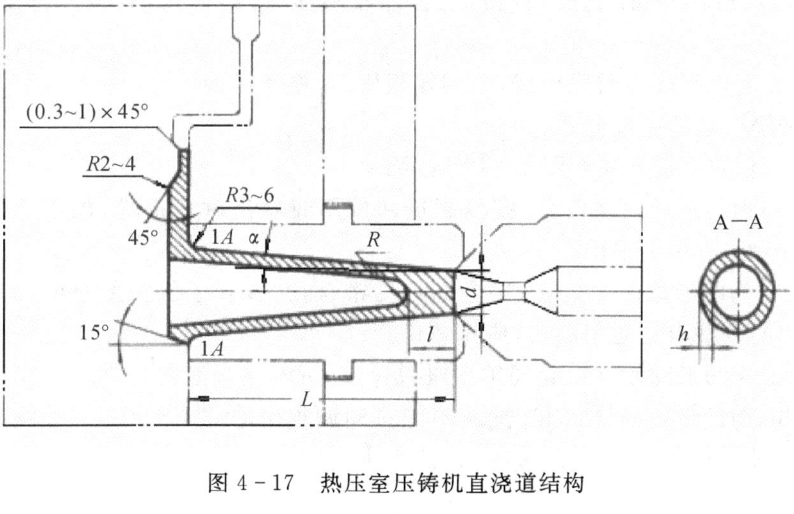

图 4-17　热压室压铸机直浇道结构

(2)浇口套的结构形式。

热压室压铸机浇口套的结构形式如图 4－18 所示。

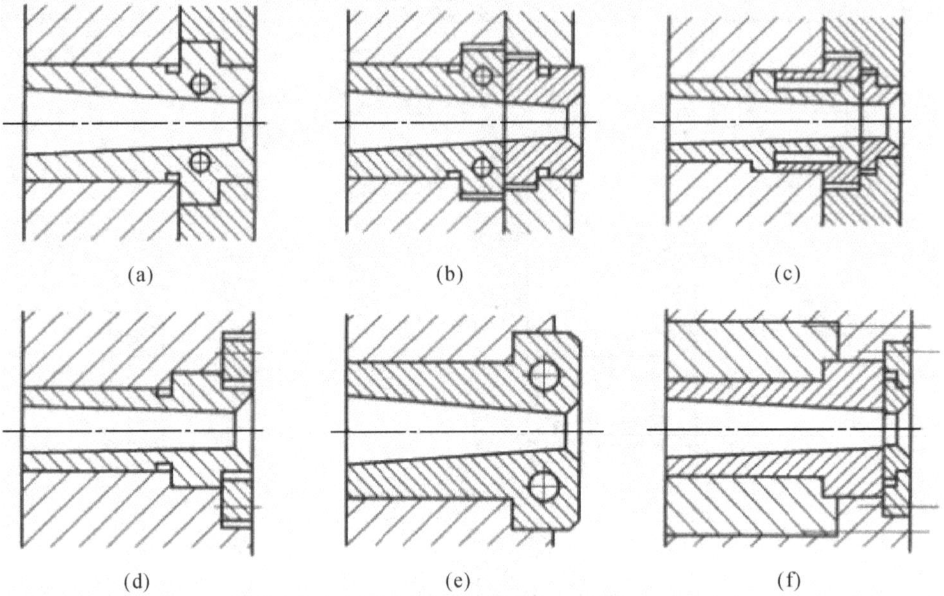

图 4－18　热压室压铸机浇口套的结构形式

图 4－18(a)浇口套整体制成,无一接合面,金属液流动通畅,同时采用压板固定,稳固可靠。

图 4－18(b)浇口套分为两段构成,调换方便,节省材料,但增加了接合面,易产生横向飞边,影响直浇道顺利脱出。

图 4－18(c)浇口套分为两段构成,并设置环形冷却槽,冷却面积较大,冷却效率高,但结构较为复杂。

图 4－18(d)浇口套整体制成,采用压板固定,无定模座板,装拆方便。

图 4－18(e)浇口套整体制成,直接插人,靠喷嘴压紧,结构简单,装拆方便,但浇口套易松动。

图 4－18(f)浇口套分为两段构成,采用压板固定,便于调换。

(3)喷嘴和浇口套的连接方式。

喷嘴和浇口套的连接方式如图 4－19 所示。

图 4－19(a)为凸形球面浇口套,模具制造和使用时容易碰撞损坏,加工用的成型刀具制造和修理均较困难,故很少采用。

图 4－19(b)为凹形球面浇口套,接合面容易密合,又有利于保护配合的凹形球面不致碰撞损坏,加工用的成型刀具便于制造,应用较广泛。

图 4－19(c)为凹形圆面浇口套同轴度难以保证,影响接合面密合,故一般不采用。

图 4－19(d)为凹形锥面浇口套,锥面不能自动调整中心,当浇口套与喷嘴孔轴线不同心时,则锥面不能保证密合,导致金属液喷溅,故很少采用。

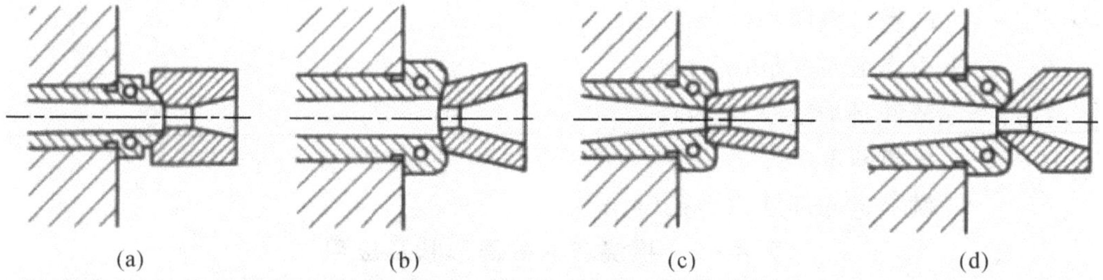

图 4-19　喷嘴和浇口套的连接方式

(二)横浇道设计

1. 横浇道的设计要点

(1)为减少金属液的流动阻力,达到均衡流速,应保持等截面积,不宜突然收缩和扩张;为改善充填和排气条件,防止涡流裹气,尽可能不采用圆弧形状的横浇道。

(2)横浇道应具有一定的厚度和长度,若横浇道过薄,热量损失大;若过厚则增加模具的热载荷,冷却速度缓慢,影响生产效率,消耗金属材料。保持一定长度的主要目的在于对金属液起到稳流和导向作用。

(3)对于立式冷压室压铸机和热压室压铸机上所选用的横浇道截面积,单型腔时一般取直浇道导入口截面积的 1.2 倍左右。对于卧式冷压室压铸机上的横浇道截面积,单型腔时一般取直浇道(余料)截面积的 0.5 倍左右。对于多型腔模具则不受此限制。

(4)对扩张式横浇道入口处与出口处截面积的比值,一般不超过 1∶1.5;对于内浇口宽度较大的铸件,可超过此限。

(5)模具上横浇道部分,应顺着金属液的流动方向研磨,其表面粗糙度要达到 $R_a0.2$。

(6)对于多型腔的模具,有时可将横浇道末端延伸,在该处布置溢流槽,有利于排除冷料、残渣,改善排气条件。

(7)对于卧式冷压室压铸机,在一般情况下,横浇道应处于直浇道(余料)正上方或上侧方,防止压室中的金属液过早流入横浇道,这是金属材料压铸模与高分子材料注射模横浇道设计的最大区别。

2. 横浇道的截面形状

横浇道的截面形状如图所示。压铸模横浇道的截面形状和注射模基本一样,但略有不同,有圆型、半圆型、扁梯型、双扁梯型、长梯型、窄梯型和矩型,根据铸件的结构特点而定,一般以扁梯形为主,特殊情况下采用双扁梯形、长梯形、窄梯形、圆形或半圆形,矩型几乎不用。各种截面形状及应用如表 4-2 所示。

3. 横浇道尺寸的确定

由于扁梯型应用最广,故横浇道尺寸的确定以扁梯型为例。计算公式如下:

$$b=\frac{3F_{内}}{h}(\text{一般}) \quad \text{或} \quad b=\frac{(1.25\sim1.6)F_{内}}{h}(\text{最小})$$

一般

$$h\geqslant(1.5\sim2)\times H_{平}$$

$$\alpha=15^{\circ}$$

$$r=2\sim3$$

式中 b —— 横浇道长边尺寸(mm)；

$F_{内}$ —— 内浇口截面积(mm^2)；

h —— 横浇道厚度(mm)；

$H_{平}$ —— 铸件平均壁厚(mm)；

α —— 拔模斜度(°)；

r —— 横浇道底部圆角半径(mm)。

表 4-2 横浇道的截面形状及应用

类型	截面形状	说明	类型	截面形状	说明
圆型	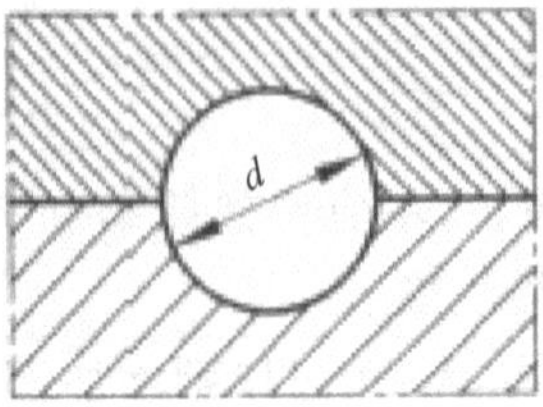	加工不方便，金属液冷却缓慢，影响生产效率，很少采用	长梯型	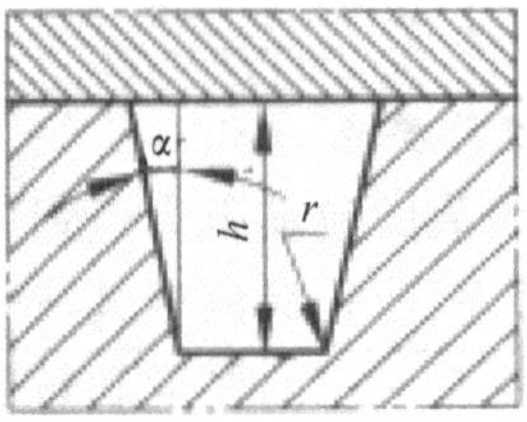	适用于浇道部位狭窄、铸件流程长以及多腔模上分支浇道
半圆型	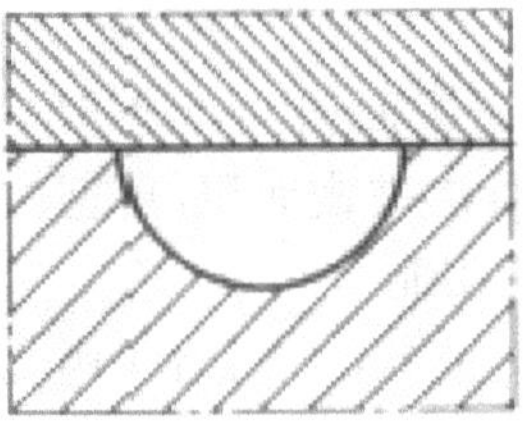	加工不方便，金属液冷却较缓慢，很少采用	窄梯型	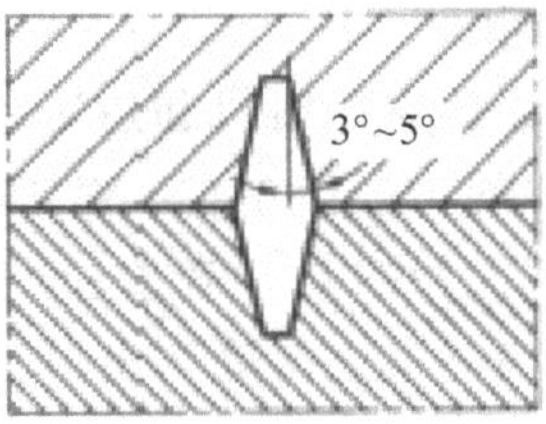	适用于隙浇口或浇道部位特别狭窄处
扁梯型	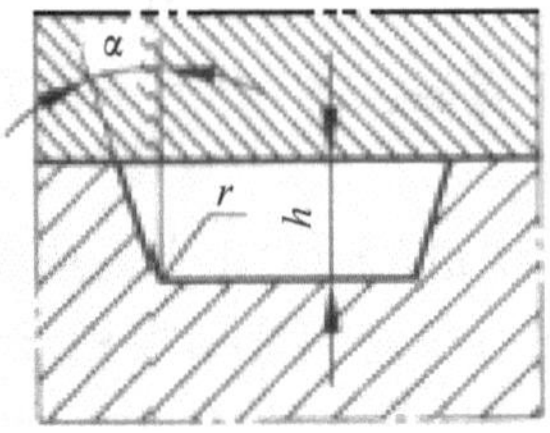	金属液热量损失少，加工方便，应用最广	矩型	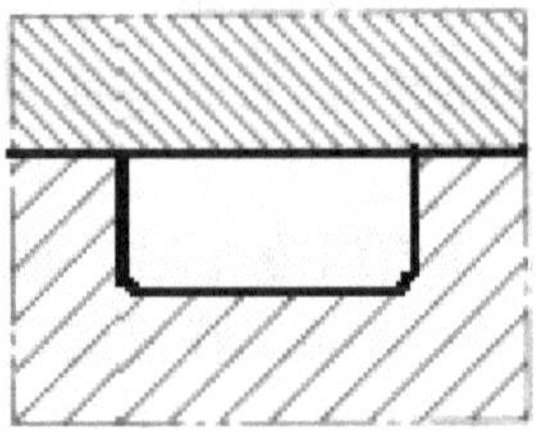	金属液热量损失最少，加工方便，但浇道出模困难，几乎不用
双扁梯型	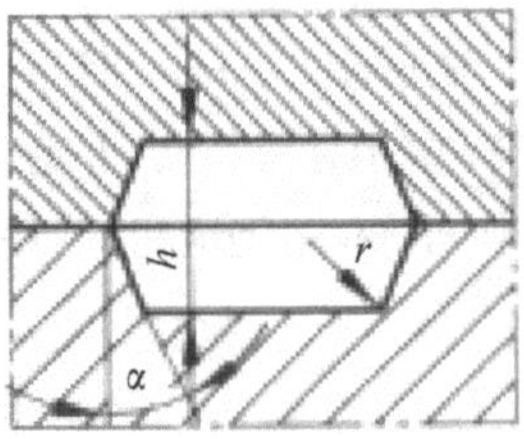	金属液热量损耗更少，适用流程特别长的浇道			

(三)内浇口(进料口)的设计

1. 内浇口尺寸确定

(1)内浇口(进料口)厚度。内浇口厚度的经验数据如表 4-3 所示。

(2)内浇口(进料口)的宽度和长度。内浇口(进料口)的宽度和长度的经验数据如表 4-4

所示。

表 4-3　内浇口(进料口)厚度的经验数据　mm

铸件壁厚	0.6～1.5		>1.5～3		>3～6		>6
合金种类	复杂件	简单件	复杂件	简单件	复杂件	简单件	为铸件壁厚/(%)
	内浇口厚度						
铅、锡	0.4～0.8	0.4～1.0	0.6～1.2	0.8～1.5	1.0～2.0	1.5～2.0	20～40
锌	0.4～0.8	0.4～1.0	0.6～1.2	0.8～1.5	1.0～2.0	1.5～2.0	20～40
铝、镁	0.6～1.5	0.6～1.2	0.8～1.5	1.0～1.8	1.5～2.5	1.8～3.0	40～60
铜		0.8～1.2	1.0～1.8	1.0～2.0	1.8～3.0	2.0～4.0	40～60

表 4-4　内浇口(进料口)的宽度和长度的经验数据　mm

内浇口进口部位铸件形状	内浇口宽度	内浇口长度	说明
矩形或方形板件	铸件边长的 0.6～0.8	2～3	指从铸件中轴线侧向注入
圆形板件	铸件外径的 0.4～0.6		内浇口以割线注入
圆环形、圆筒形	铸件外径、内径的 0.25～0.3		内浇口以切线注入
方框件	铸件边长的 0.6～0.8		内浇口从侧壁注入

2. 内浇口截面积的计算

确定合理的内浇口截面积，涉及很多方面的因素，目前还没有精确的计算方法，在实际生产中，主要结合具体条件，按经验选用。

以下所介绍的计算方法，是以金属液以一定的速度和在预定的时间内充满型腔而得出的，计算公式为：

$$F_{内}=\frac{Q}{\rho v\tau}$$

式中　$F_{内}$ —— 内浇口截面积(cm^2)；

Q —— 铸件质量(g)；

τ —— 充填型腔的时间(s)，见表 4-5；

ρ —— 液态金属的密度(g/cm^3)，见表 4-6；

v —— 内浇口处金属液的流速(m/s)，见表 4-7。

表 4-5　不同情况下的充填时间值

合金种类	铸件壁厚		合金种类	铸件壁厚	
	均匀	不均匀		均匀	不均匀
	时间/s			时间/s	
铅、锡合金	0.072	0.108	铝合金	0.054	0.081
锌合金	0.060	0.090	镁、铜合金	0.048	0.054

表 4-6　液态金属的密度

合金种类	铅合金	锡合金	锌合金	铝合金	镁合金	铜合金
ρ/g·cm^{-3}	8～10	6.6～7.3	6.4	2.4	1.65	7.5

表 4-7　不同情况下的流速值

比压/MPa	铸件壁厚/mm		
	1～4	4～8	>8
	流速/m·s^{-1}		
>20	56	45	34
>20～40	37.5	30	22.5
>40～60	18.5	15	11.25
>60～80	15	12	9
>80～100	11.25	9	6.75
>100	7.5	6	4.5

3. 点浇口的设计

对于结构对称、壁厚较薄且均匀、高度较高的壳类铸件，一般采用点浇口。

(1)点浇口的结构。点浇口的结构和直径如图 4-20 和表 4-8 所示。

(2)点浇口其他部分尺寸的选择如表 4-9 所示。

表 4-8　点浇口直径的选择

铸件投影面积/cm^2		≤80	>80～150	>150～300	>300～500	>500～750	>750～1 000
直径/mm	简单铸件	2.8	3.0	3.2	3.5	4.0	5.0
	中等复杂铸件	3.0	3.2	3.5	4.0	5.0	6.5
	复杂铸件	3.2	3.5	4.0	5.0	6.0	7.5

注：表中数值只适用于铸件壁厚在 2.0～3.5 mm 范围内。

表 4-9　点浇口其他部分尺寸的选择

直径 d/mm	<4	<6	<8
厚度 h/mm	3	4	5
出口角度 α/(°)	60～90		
进口角度 β/(°)	45～60		
圆弧半径 R/mm	30		

注：表中符号如图 4-20 所示。

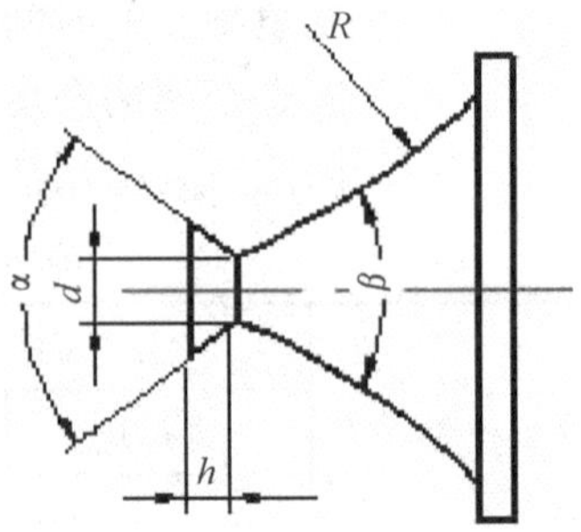

图 4-20　点浇口的结构

第 5 章　注压成型模具结构实例

本章内容为典型模具结构图例。其中注射模典型图例 11 套，压铸模典型结构图例 9 套，共 20 套。每套图例都对其结构特点进行了简单介绍，详细图例见图册。

参考文献

［1］ 王树勋．典型模具结构图例．广州：华南理工大学出版社，2005.

［2］ 王文广，田宝善，田雁晨．塑料注射模具设计技巧与实例．北京：化学工业出版社，2003.

［3］ 王树勋，苏树珊．模具实用技术设计综合手册．广州：华南理工大学出版社，2003.

［4］ 王文广．塑料材料的选用．北京：化学工业出版社，2001.

［5］ 塑料模具技术手册编委会．塑料模具技术手册．北京：机械工业出版社，1997.

［6］ 上海轻工业学校．塑料模具设计．北京：中国轻工业出版社，1991.

［7］ 斯托克海特 K. 注射成型模具 102 例．北京：中国轻工业出版社，1991.

［8］ 冯炳尧，等．模具设计与制造简明手册．上海：上海科学技术出版社，1985.

［9］ 村上宗雄．最新塑料模具手册．上海：上海科学技术文献出版社，1985.

［10］ 成都科技大学．塑料成型工艺学．北京：中国轻工业出版社，1983.

［11］ 塑料模设计手册编写组．塑料模设计手册．北京：机械工业出版社，1984.